色彩丰富的针织衫

优雅时尚的背心

别具风格的优雅针织衫

High-quality knit

感受到秋意来临时，突然想要好好打扮一下自己，给自己编织几件针织衫。本书中为大家介绍的几款针织衫，不仅用料讲究、设计风格高雅，而且也有特别鲜明的季节感，绝对会让你眼前一亮。

01

Cardigan

在秋意悄然而至的时节，如果只穿一件开衫，可能会稍微有些冷；为了保暖再搭配上一件外套的话，又会显得有些不合时宜。这个时候，最能够体现出季节变化的就是长款开衫了。使用两种颜色的段染线，编织成方格花样，使这件开衫整体的存在感有了大幅度提升。

设计 / 冈本启子
制作 / 铃木惠美子
使用线 / SKI World Selection Fano
* 编织方法见第 41 页

02

Pullover

使用带有光泽的美利奴丝光羊毛线，编织出有流动感的花纹。这款套头衫使用米白色的线编织，看起来优雅干练。它的质地柔软舒适，可以一直搭配穿到春天。

设计 / 久松幸子
使用线 / SKI Merino Silk
＊编织方法见第 42 页

03

Cardigan

用带有光泽的羊毛线进行局部点缀，是这件开衫的一大亮点，同时独特的小衣领设计也显得非常时尚雅致。把带金银丝线的线和细的马海毛线合在一起编织，作品就会自带一种温暖、柔软的舒适感。

设计 / 冈本启子
制作 / 佐伯寿贺子
使用线 /SKI Lyra、SKI Premium Mohair、SKI Platium Fur
＊编织方法见第 44 页

Cardigan

04

这件开衫使用柔软的含真丝的羊毛线材，用朴素的基础花样编织，凸显出了前门襟花片的华丽。薰衣草色的毛线，给人一种静谧的感觉，可以让心情也跟着一起愉悦起来。

设计 / 镰田惠美子
制作 / 饭塚静代
使用线 / SKI Merino Silk
＊编织方法见第 46 页

Pullover

05

这款套头衫是用立体感强的6片花瓣的花片连接制作而成的，从外形上就能看出是纯手工制作的。搭配衣服穿时，感觉全身都被包裹在丝线和马海毛线柔软温暖的怀抱中，绝对是一种非常奢侈的享受。

设计 / Fukiko
使用线 / SKI Pearl Silk
＊编织方法见第48页

Cardigan

06

金银丝线嵌入毛线中闪闪发光，使织物看起来更加高雅。这款镂空花样的开衫，可以把胸针别在胸前固定开衫；也可以随意地披在身上，自然下垂的设计会呈现出不同的效果。

设计 / 矢野康子
制作 / 坂本令子
使用线 / SKI Lyra
* 编织方法见第 50 页

色彩丰富的针织衫

Rich color

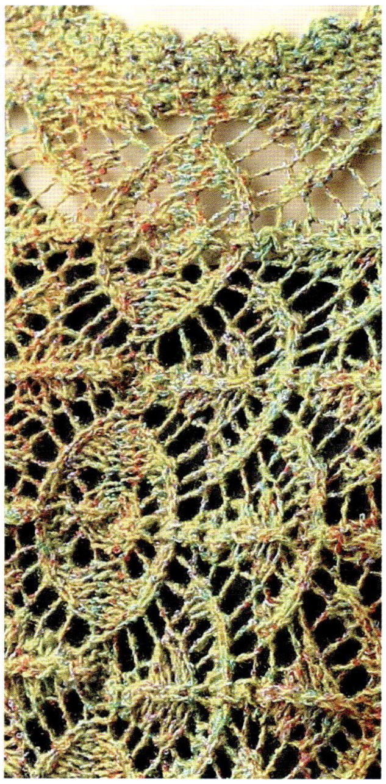

有时华丽高贵，有时朝气蓬勃，使用色调明快的毛线编织，
可以让单调的秋冬季节显得更加丰富多彩。

07

Cardigan

在颜色鲜艳的段染线中加入纤细的金银丝线，编织出简单的马赛克花样，就可以完成一件开衫。小巧的翻领更是有一种成熟稳重的感觉。

设计 / 久松幸子
使用线 / SKI Mago
＊编织方法见第 54 页

08

Pullover

使用一种颜色的段染线，通过改变编织方向，就可以编织出风格迥异的条纹花样。大盆领的设计，使毛衣整体更显时尚、漂亮，同时也可以修饰穿着之人的脸型。

设计 / 岸 睦子
使用线 / SKI Mago
* 编织方法见第 58 页

09

Pullover

从身片的中间开始向左右两侧编织，花片就像柠檬片一样排列在一起，给人一种清爽的感觉。使用颜色鲜艳的圈圈毛线编织，穿起来轻柔、飘逸，也是这款针织衫的一大特色。

设计 / Fukiko
使用线 / SKI Neige
＊编织方法见第 64 页

10

＊Tunic

两侧的菠萝花是这款针织衫的亮点之一，宽松的设计也使这款针织衫更具特色。使用不同颜色的毛线编织，会令织物显得非常活泼，富有动感。如同小花朵一样的线圈更是可爱，即使和别的衣服一起搭配穿也不会显得很厚重。

设计 / 矢野康子
制作 / 长谷川千代子
使用线 / SKI Neige
＊编织方法见第 59 页

11

Pullover

使用两种有细微差别的毛线，编织成三角形花片，是完成这件个性十足的套头衫的关键。宽松的设计以及腋下的敞开式编织，令它穿起来就像斗篷一样，活动起来也非常方便。

设计 / 小野琇未
制作 / 蒲地美千子
使用线 / SKI Neige
* 编织方法见第 66 页

优雅时尚的背心

Stylish vest

季节更替的时节，绝对是最适合穿背心的时候。
最近，背心也成为时尚穿搭的一个点睛之笔，
我每次穿上都舍不得脱，而且越穿越喜欢。
这里为大家介绍几款无论是设计还是选材都非常考究的作品。

12

Vest

用滑针的方法，使织片呈现出一种立体感，T字形的图案也是这款休闲背心的亮点之一。使用段染系列的线编织，色调上有一种纵深的感觉，就像添加了优雅发光的金银丝线一般。

使用线 / SKI Mago

* 编织方法见第 63 页

Vest

13

经典纤细的阿兰花样搭配上色彩丰富的段染线，能编织出柔和的条纹花样，让这款略显死板的 V 领背心女人味十足。永不过时的连肩袖看上去也非常时尚。

设计 / 冈真理子
制作 / 内海理惠
使用线 / SKI Clement
* 编织方法见第 68 页

Vest

“之”字形花样使整个背心看起来有种纵深的感觉。用比较清爽的毛线编织出来的蕾丝花样，即使是跨越季节，从初秋穿到春季也不会有违和感。

设计 / 久松幸子
使用线 / SKI Linea
* 编织方法见第 70 页

14

15

Vest

使用适合秋天的颜色的线，
编织出来的这款背心。
罗纹针编织出来的独特花样，
令这件背心看起来生动、活泼。

设计 / Plusone Adition
使用线 / SKI Mooya
* 编织方法见第 75 页

Vest

这件背心使用亮黄色的线编织，令整个人的心情也跟着一起变得明亮起来。胸前巨大的钻石花样搭配A字形束腰的设计，穿起来也非常舒适！

设计 / 镰田惠美子
制作 / 尾高纯子
使用线 / SKI Twin Merino
* 编织方法见第 74 页

Vest

这件背心的育克部分是略显活泼的菠萝花样，前后身片编织的是网眼针，下摆优雅地展开，四周的花边设计也是非常独特的。从领口向下编织，其中一个优点就是不需要缝合。

设计 / Plusone Adition
使用线 / SKI Lyra
* 编织方法见第 81 页

17

Vest

按照交互编织上针和下针的方法编织而成的背心，其中前身片下摆用段染线编织出来的边缘是最大的亮点。下摆的不规则折边设计，也是最近的流行趋势，与简练的衬衣混搭也是非常适合的。

设计 / 森冈惠美
使用线 / SKI Mago
＊编织方法见第 78 页

18

休闲款针织衫

Relaxed style

针织衫最大的特点就是穿着舒适。
这里为大家介绍几款特别适合在假日休闲时光搭配穿戴，
同时又不失时尚感的衣物。

Pullover

这款套头衫的设计方法比较独特，育克是横向编织出来的麻花针花样；前身片用上针编织的植物图案，就像浮在衣服上一样，可以非常完美地呈现出手工编织的乐趣。毛衣使用了 100% 羊毛制成的色彩丰富的段染线编织，不仅色彩丰富艳丽，保暖效果也是非常棒的。

19

设计 / 岸 睦子
使用线 / SKI Effect
* 编织方法见第 84 页

Pullover

20

段染线编织出的条纹花样和纵向的基础花样交织在一起，给这款休闲的套头衫又增添了几分高雅。落肩的设计，令它可以随意和其他的衣服搭配。

设计 / 田村佳苗
使用线 / SKI Clement
＊编织方法见第 87 页

Pullover

21

这件套头衫使用清爽的混纺线，从身片的中间开始横向编织，整体呈直线形。细小的蕾丝花样，在袖子和身片处稍做变动，就可以打造出完美的镂空感。

设计 / 武田敦子
制作 / 饭塚静代
使用线 / SKI 风花
* 编织方法见第 88 页

Vest

22

这款圆领背心不仅穿脱方便，而且也绝对是混搭时候的有力候补。把几何图案编织成V字形走向，整体看起来非常流畅、利落。编织这款背心时，推荐大家使用优质的带有光泽的混合丝线。

设计 / 武田敦子
制作 / 亚砂子
使用线 / SKI Merino Silk

＊编织方法见第 92 页

Vest

这件背心使用带金银丝线的轻柔花式纱线，按照起伏针的方法直线编织而成。大胆的宽条纹设计，仅用颜色的深浅来表现，也使这款背心显得更加时尚。

设计 / 冈真理子
制作 / 指田容子
使用线 / SKI Platium Fur
* 编织方法见第 91 页

23

Poncho

24

这款斗篷用可爱的带结粒的粗花呢毛线编织出复古、可爱的阿兰花样，独特的设计风格使它更适合秋季，能够完美地诠释出秋季独有的风格又不失时尚感。舒适的大翻领设计可以很好地保护肩颈。

设计 / 林久仁子
使用线 / SKI World Selection Fano
* 编织方法见第 95 页

Bolero

穿脱都很方便的小外搭，很多时候不能很好地为背部保暖。因此，我设计了一款后背保暖效果也很不错的小外搭，大家觉得怎么样呢？编织了贴合身体的网眼针，再配上华丽的花式纱线收尾，让这款织物的时尚感又提升一个等级。

设计 / Plusone Adition
使用线 / SKI Neige、SKI Platium Fur
* 编织方法第 99 页

Vest

26

山茶花的编织花样，和作品 **25** 是相同的，直线形的设计，让这款背心看起来非常甜美、时尚。背心使用的是轻便、柔软的花式纱线编织，穿在身上也是非常舒服的。

设计 / Plusone Adition
使用线 / SKI Neige
＊编织方法见第 102 页

设计独特的小配饰

Knit accessories

为了在季节交替、寒冷来袭时做好保暖工作，
准备些小的针织配饰是非常必要的。
饱含自己的各种独特创意和愉快心情的小配饰，
都非常可爱、迷人。

27 Snood

这款围脖使用色彩丰富的段染线连续编织，看上去就像各种不同颜色的小花朵连接在一起一样。简单地围在脖子上，显得非常高贵、优雅。

设计 / 藤原菊子
使用线 / SKI Mago
＊编织方法见第 94 页

28 Handwarmer

这款无指手套，因方便手指活动和设计时尚而非常有人气，在伸缩性好的织物上添加小花朵，会更加可爱。当然，也可以使用颜色亮丽的毛线进行编织。

设计 / Sachiyo＊Fukao
使用线 / SKI Merino Silk
＊编织方法见第 104 页

29 Cap

这款舒适的无檐帽后面的褶皱设计看起来很可爱。帽子的设计风格简洁、自然，能够和很多衣服搭配，而且使用的是羊驼毛线编织，保暖效果也非常棒。

设计 / Plusone Adition
使用线 / SKI World Selection Bluno
* 编织方法见第 105 页

30 Muffler

这款围巾用两种颜色的段染线，按照菱形花样编织。因为使用的是温暖的羊毛线，即使不搭配任何饰品，看起来也会比较华丽、美观。

设计 / SKI 毛线企划室
使用线 / SKI Clement
* 编织方法见第 98 页

Shawl or Snood

这款披肩使用有光泽的花式纱线和金银丝线，编织条纹花样，最后在前胸处留出扣眼。织物本身的使用方法很多，可以当作披肩使用，也可以当作围脖使用，可根据自己的需要进行变换。

设计 / 星野真美
使用线 / SKI Platium Fur、SKI Elise
＊编织方法见第 106 页

31

Shawl

用超粗的花式毛线，不分正反面，按照纵向交叉编织的方法编织，然后再拧转一次，普通的长披肩看上去就像莫比乌斯环。平常穿戴时，感觉被温暖包围着，心情也跟着美妙起来了。

设计 / 原田千惠子
使用线 / SKI World Selection Blanco
＊编织方法见第 107 页

32

Muffler

33

绿色线中夹着的白色竹节纱非常显眼，绿色线特有的蓬松、柔软质感，使围巾整体的舒适感又提升了一个层次。绕线编的麻花花样很快就能把一团线编织完。

设计 / 木之下薰
使用线 / SKI World Selection Blanco
* 编织方法见第 108 页

*图片为实物大小

* 本书使用线一览 *

毛线名称	成分	颜色数	规格	线长	粗细	使用针号	下针编织标准密度
1 SKI Neige	腈纶 68% 尼龙 24% 羊毛 8%	8 色	30g/ 团	约 115m	粗	4～6 号 5/0 ～ 6/0 号	19 ～ 22 针 28 ～ 31 行
2 SKI Mago	羊毛 95% 铜铵纤维 3% 涤纶 2%	8 色	30g/ 团	约 101m	粗	5～7 号 5/0 ～ 7/0 号	19 ～ 23 针 26 ～ 30 行
3 SKI Platium Fur	涤纶 77% 尼龙 23%	8 色	30g/ 团	约 83m	极粗	6～8 号 5/0 ～ 6/0 号	20 ～ 22 针 28 ～ 32 行
4 SKI Merino Silk	羊毛 60%（美利奴羊毛） 丝线 40%	13 色	30g/ 团	约 113m	粗	4～6 号 4/0 ～ 6/0 号	22 ～ 24 针 32 ～ 34 行
5 SKI Twin Merino	羊毛 100%（美利奴羊毛 70%）	16 色	40g/ 团	约 75m	中粗	6～8 号 6/0 ～ 7/0 号	17 ～ 19 针 23 ～ 25 行
6 SKI Mooya	腈纶 75% 尼龙 13% 羊毛 12%	10 色	30g/ 团	约 103m	粗	5～7 号 6/0 ～ 7/0 号	18 ～ 20 针 25 ～ 28 行
7 SKI Lyra	人造丝 43% 腈纶 27% 尼龙 16% 涤纶 8% 羊毛 6%	9 色	30g/ 团	约 93m	粗	5～7 号 5/0 ～ 7/0 号	18 ～ 20 针 25 ～ 26 行
8 SKI Clement	羊毛 100%	9 色	30g/ 团	约 103m	粗	6～8 号 5/0 ～ 6/0 号	18 ～ 20 针 25 ～ 28 行
9 SKI Effect	羊毛 100%	9 色	30g/ 团	约 112m	粗	4～6 号 4/0 ～ 6/0 号	22 ～ 25 针 32 ～ 34 行
10 SKI Linea	羊毛 83% 尼龙 17%	10 色	40g/ 团	约 112m	粗	6～8 号 4/0 ～ 6/0 号	19、20 针 28、29 行
11 SKI Pearl Silk	丝线 50% 马海毛 34% 尼龙 16%	12 色	30g/ 团	约 132m	中细	3～5 号 3/0 ～ 4/0 号	19 ～ 21 针 28 ～ 31 行
12 SKI Premium Mohair	马海毛 70%（山羊羔马海毛） 尼龙 30%	20 色	20g/ 团	约 225m	极细	6～8 号 4/0 ～ 5/0 号 （2 股线）	18 ～ 20 针 29 ～ 34 行 （2 股线）
13 SKI 风花	羊毛 60% 亚麻 20% 亚麻（苎麻）20%	11 色	30g/ 团	约 114m	中细	3～5 号 4/0 ～ 5/0 号	24 ～ 27 针 31 ～ 35 行
14 SKI Elise	涤纶 83% 尼龙 17%	6 色	25g/ 团	约 147m	中细	3～5 号 2/0 ～ 4/0 号	27 ～ 29 针 37 ～ 39 行
15 SKI World Selection Vecco（意大利制）	羊毛 43%　腈纶 33% 羊驼毛 14% 尼龙 10%	6 色	50g/ 团	约 86m	超粗	15 号～8mm 10/0 号～7mm	8、9 针 14、15 行
16 SKI World Selection Blanco（意大利制）	羊毛 47% 腈纶 45% 尼龙 8%	8 色	50g/ 团	约 60m	超粗	15 号～8mm 7～8mm	9、10 针 14 ～ 16 行
17 SKI World Selection Fano（意大利制）	羊毛 47% 腈纶 47% 人造丝 6%	7 色	40g/ 团	约 96m	中粗	7～9 号 7/0 ～ 8/0 号	15 ～ 17 针 22、23 行
18 SKI World Selection Bluno（意大利制）	腈纶 60% 羊驼毛 20% 羊毛 20%	20 色	40g/ 团	约 72m	中粗	8 ～ 10 号 7.5/0 ～ 9 /0 号	13、14 针 20 ～ 22 行

●线的粗细是比较粗略的表述，仅供参考。下针编织标准密度是厂家提供的数据。
●此表所列均为常用数据，具体见作品。

作品的编织方法

*

01

第 3 页

●**材料** SKI World Selection Fano(中粗) 橄榄绿色系(1102)290g/8团、暗绿色系(1111)155g/4团，2cm×2cm的纽扣 3颗

●**工具** 棒针 9号、7号、5号

●**成品尺寸** 胸围 106.5cm，衣长 89.5cm，连肩袖长 67.5cm

●**编织密度** 10cm×10cm 面积内：下针编织、配色花样共 18针，24行

●**编织要点** 后身片手指挂线起针后编织单罗纹针，换线，做下针编织。肩部做引返编织，领窝编织伏针。前身片纵向渡线，做配色花样编织。领窝立起侧边 1针减针，前后肩部做盖针接合后挑针编织袖子，分别做下针编织、单罗纹针、下针编织，最后做伏针收针。胁部和袖下做挑针缝合，前门襟和领子挑针编织单罗纹针和下针编织。同时在右前门襟留出扣眼，最后做伏针收针。

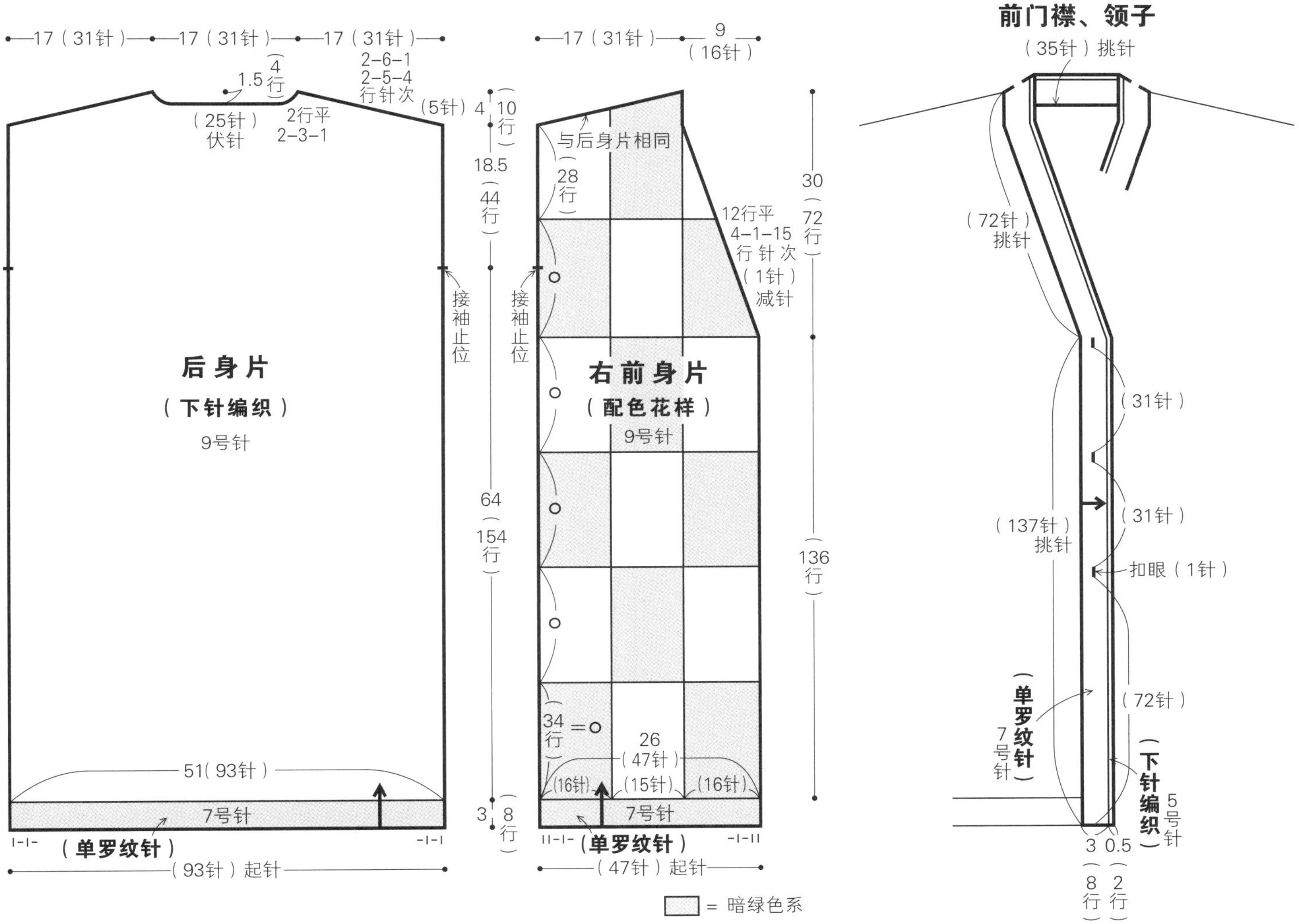

※ 除指定以外，全用橄榄绿色系线编织

※ 左前身片和右前身片的配色是对称的

扣眼（右前门襟）

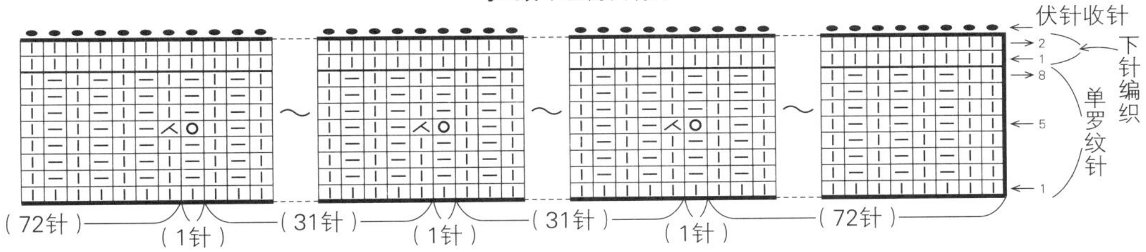

袖子接第 42 页

※ 书中未标明单位的数字均以厘米（cm）为单位

✻ 02

第 4 页

●**材料**　SKI Merino Silk(粗)米白色(2602) 330g/11团

●**工具**　棒针 5 号、4 号

●**成品尺寸**　胸围 102cm，肩宽 41cm，衣长51.5cm，袖长41.5cm

●**编织密度**　10cm×10cm面积内：下针编织 28 针，32 行；编织花样 30 针，32 行

●**编织要点**　身片、袖子手指挂线起针后编织起伏针，如图所示，分别做编织花样和下针编织。在编织终点处休针。身片上前后领窝是同形的。袖窿和袖山减 2 针及以上时做伏针减针，减 1 针时立起侧边 1 针减针。袖下在边上 1 针的内侧渡线做扭针加针。前后肩部正面相对对齐做盖针接合，领子环形编织起伏针，最后做伏针收针。胁部和袖下做挑针缝合，袖子和身片之间做引拔接合。

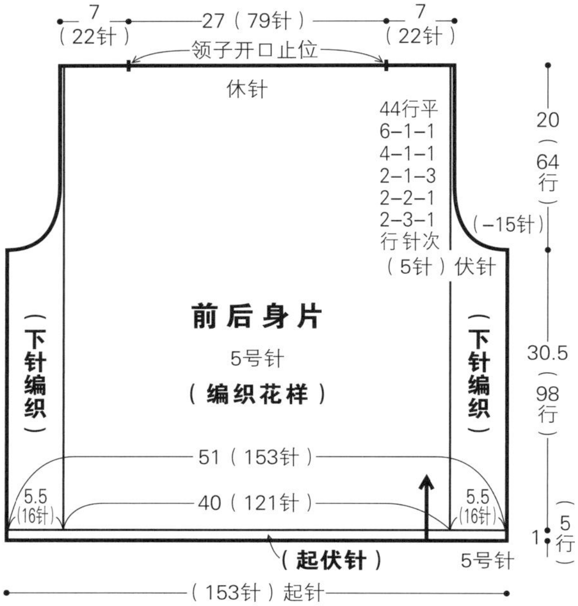

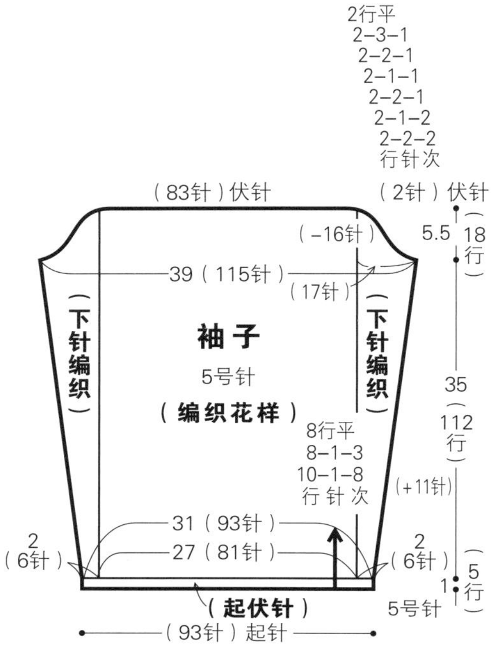

作品 01 接第 41 页

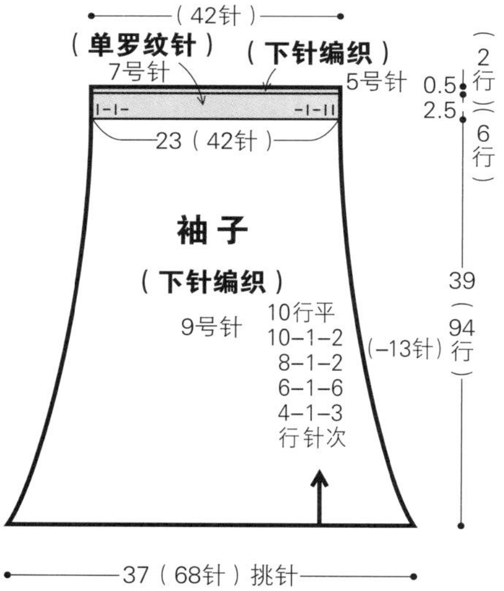

▭ = 暗绿色系

※ 除指定以外，全用橄榄绿色系线编织

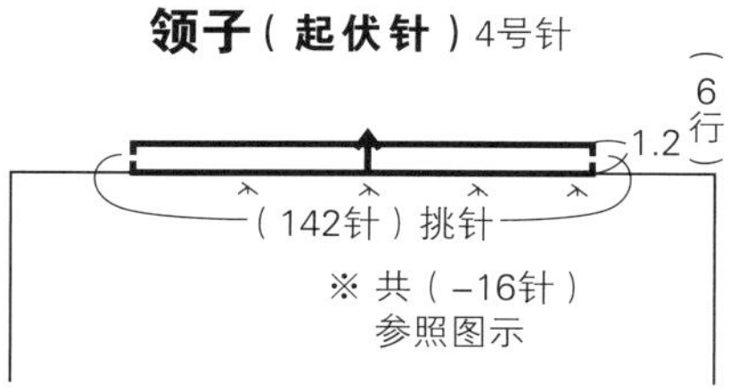

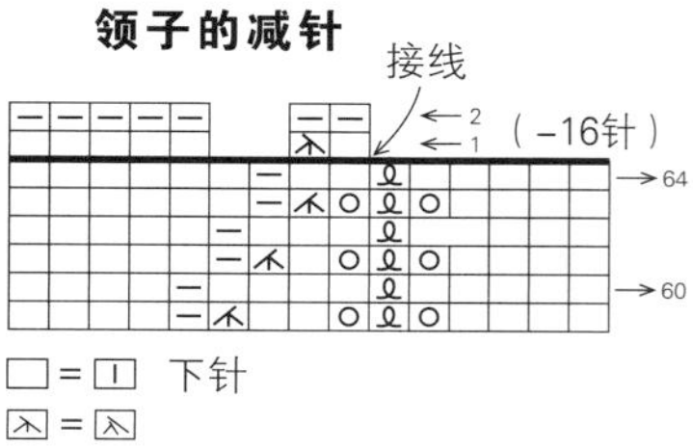

□ = ▣ 下针

编织花样

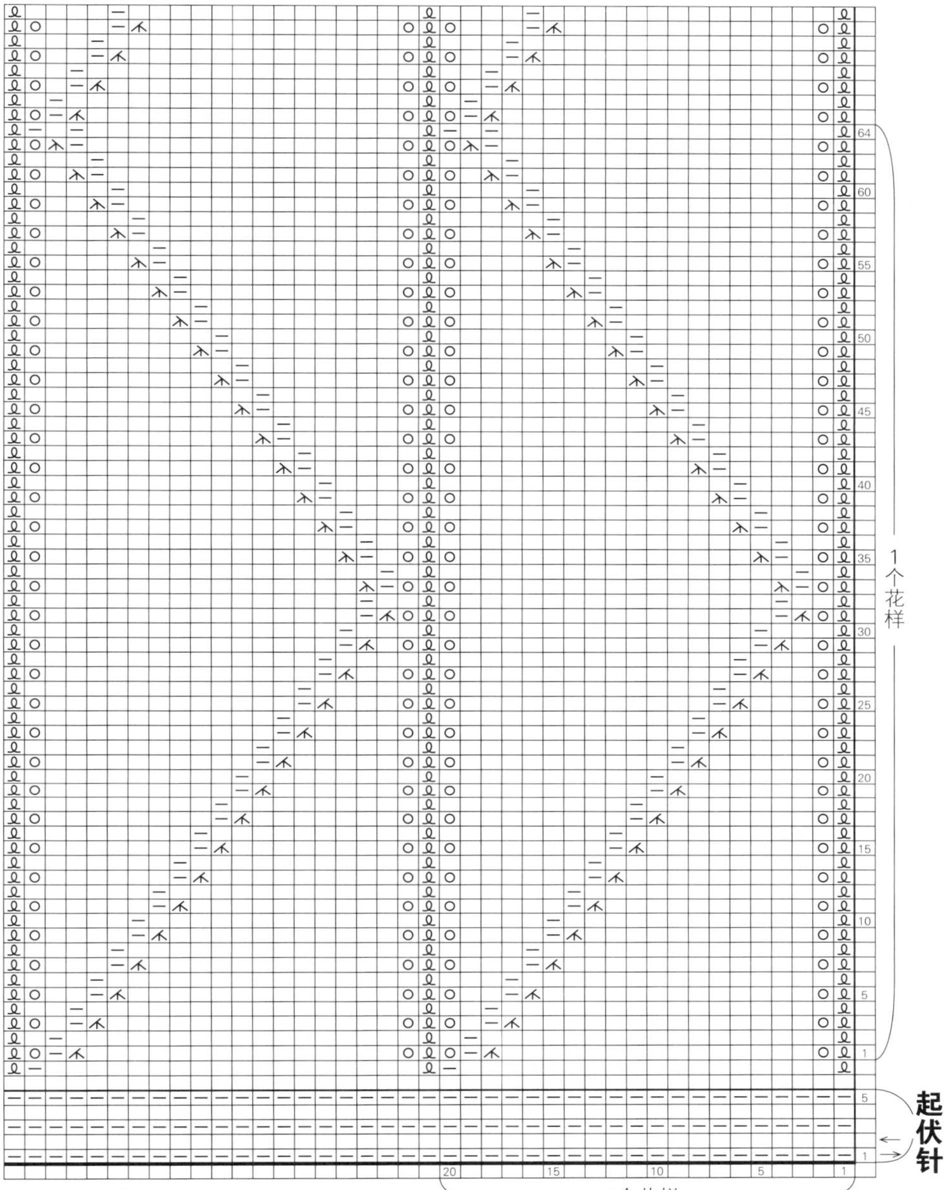

□=Ⅰ 下针

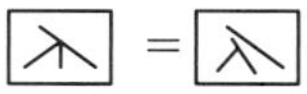

右上 3 针并 1 针

编织的时候，左侧的针目在最下面

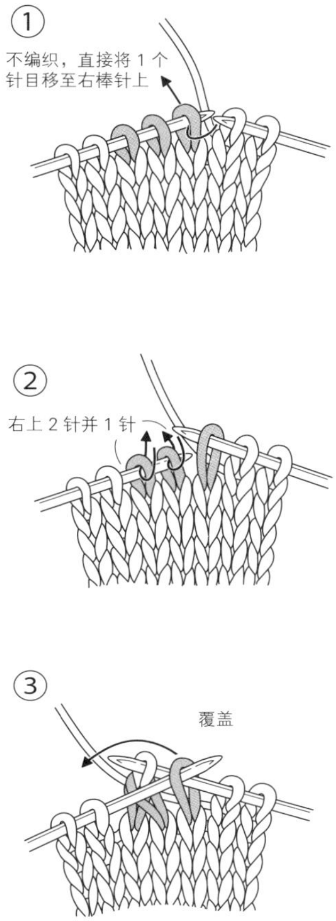

左上 3 针并 1 针

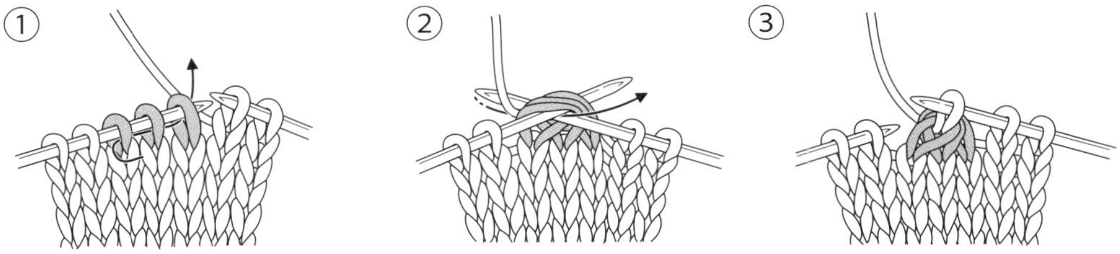

*
03
第5页

●**材料** SKI Lyra（粗）白色(2701)230g/8团，SKI Premium Mohair（极细）浅灰色(118)65g/4团，SKI Platium Fur(极粗)浅灰色(2335)60g/2团，直径1.5cm的纽扣5颗

●**工具** 棒针7号、6号、5号，钩针4/0号

●**成品尺寸** 胸围98cm，肩宽35cm，衣长55.5cm，袖长52cm

●**编织密度** 10cm×10cm面积内：下针编织19针，26行；配色花样21.5针，28行

●**编织要点** A色是用2根SKI Premium Mohair线编织，身片另线锁针起针后做下针编织。腰部横向渡线，编织配色花样，然后再继续做下针编织。减针时，立起侧边1针和伏针减针，斜肩做引返编织。肩部做盖针接合，胁部做挑针缝合，前后身片的下摆继续编织起伏针，最后从反面做伏针收针。袖子另线锁针起针后做配色花样，然后均匀减针，继续做下针编织。袖下的加针在边上1针的内侧做扭针加针。袖口用B色线编织起伏针。最后从反面做伏针收针，胁部和袖下做挑针缝合。前门襟编织起伏针，最后从反面做伏针收针。用B色线在左前门襟、左侧下摆、后身片下摆、右侧下摆、右前门襟做边缘编织，同时从伏针收针处挑取锁针针目后面半针。领子也用B色线做下针编织的同时调整编织密度，最后松松地做伏针收针。

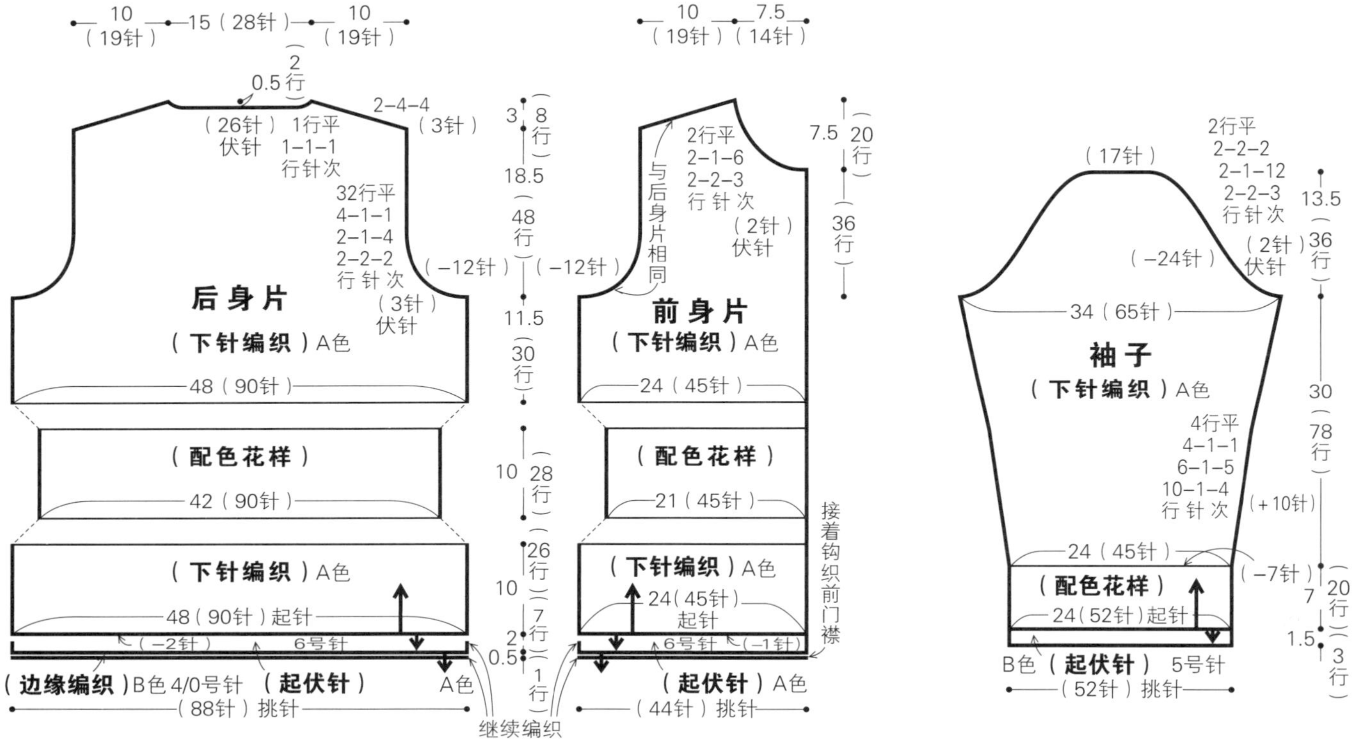

※ 除指定以外，全部用7号针编织

线的组合方法

A色　Lyra、Mohair　2根线
B色　Fur　1根线

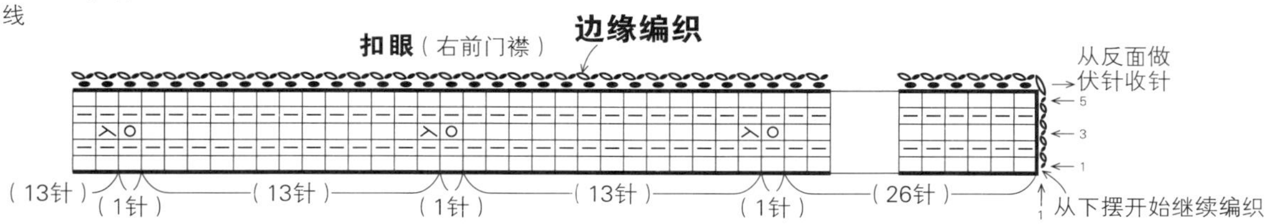

※ 边缘编织是从伏针的后面半针挑针编织

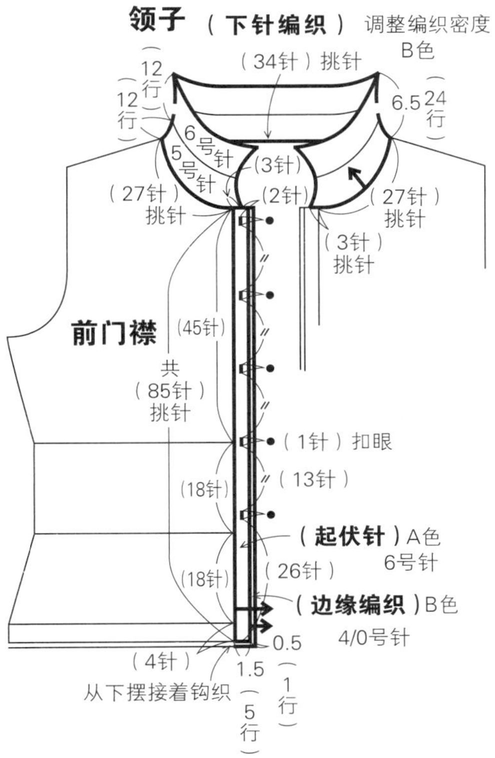

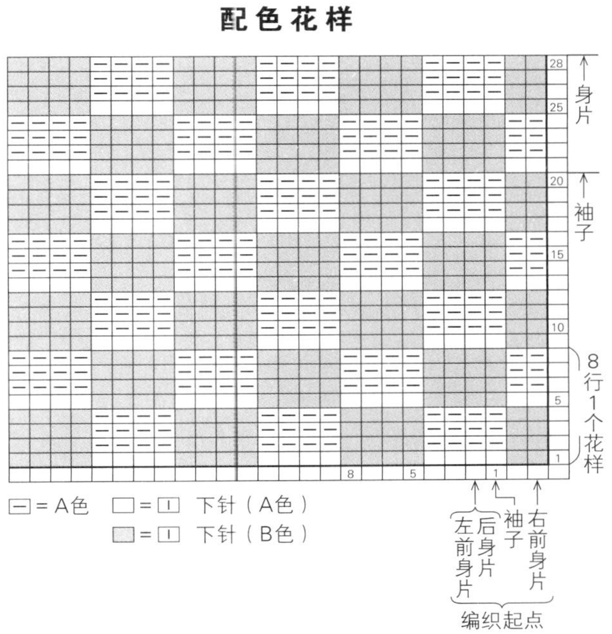

作品07 接第54页

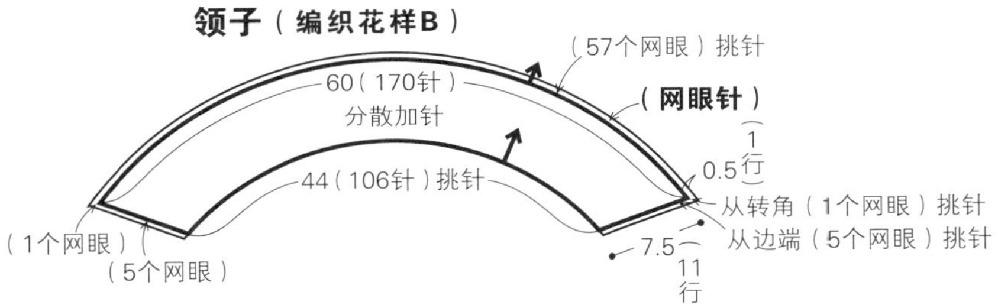

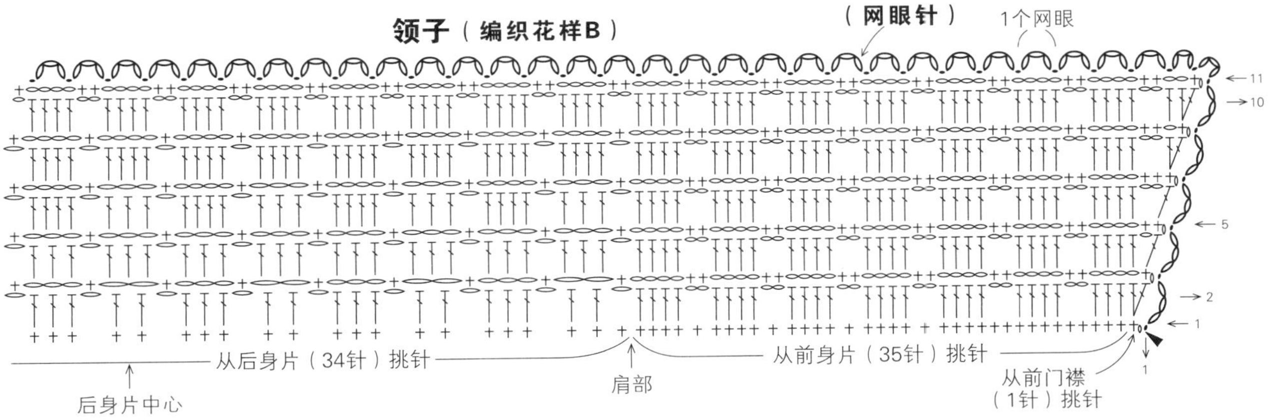

※ 编织第1行时，看着身片的正面挑针

※ 从第3行开始的短针、长针都要整段挑起上一行编织

※ 从后身片中心开始，花样呈左右对称编织

＊04

第 6 页

●**材料**　SKI Merino Silk（粗）薰衣草色（2608）300g/10团，直径1.3cm的纽扣 7颗

●**工具**　棒针 4 号，钩针 4/0 号

●**成品尺寸**　胸围 99cm，肩宽 34cm，衣长 56cm，袖长 54cm

●**编织密度**　10cm×10cm面积内：编织花样 25针，32行

●**花片大小**　7cm×7cm

●**编织要点**　身片、袖子手指挂线起针后编织桂花针。袖窿、领窝和袖山减 2 针及以上时做伏针减针，减 1 针时立起侧边 1 针减针。袖下在边上 1 针的内侧做扭针加针。从第 2 片花片开始，在第 6 行图中所示位置，用引拔针和前一片花片连接，将 7 片花片分别连接在一起。前后肩部做引拔接合。前身片的前端用短针调整，编织网眼针的同时与花片连接到一起。连接花片部分的三边编织短针，右侧领子做边缘编织。从身片挑针时，第 1 行编织引拔针。胁部和袖下做挑针缝合，然后袖子和身片之间做引拔接合。可以将花片的孔作为扣眼使用。

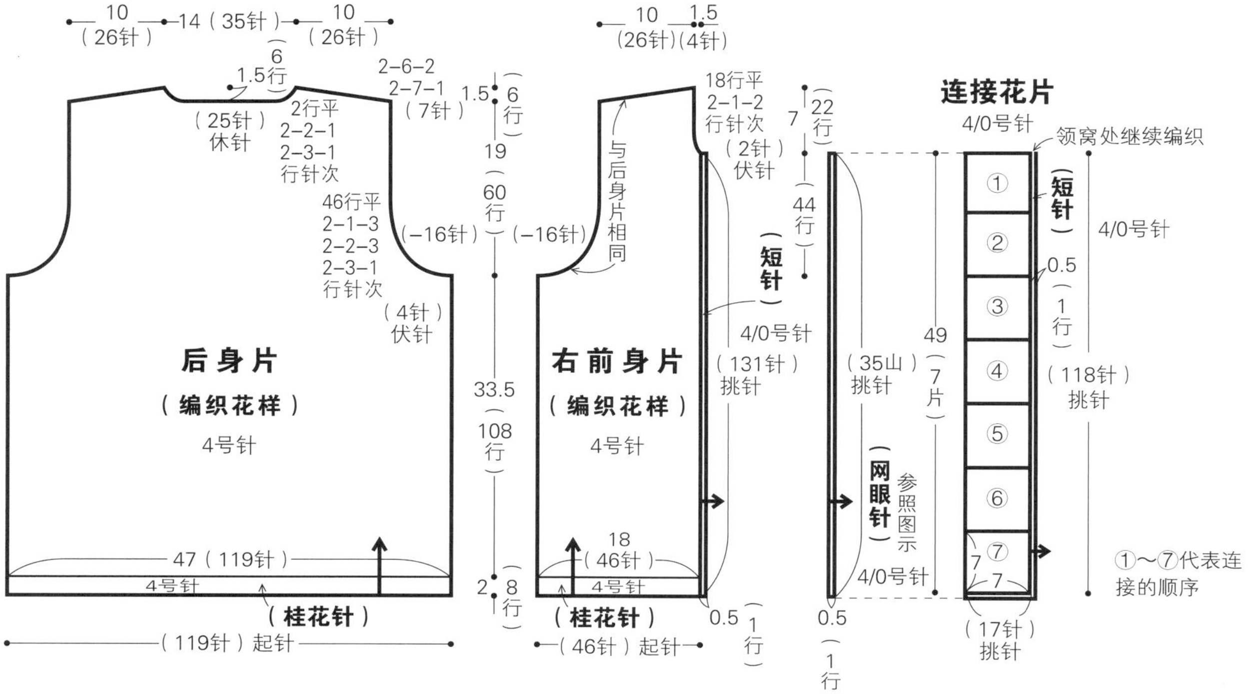

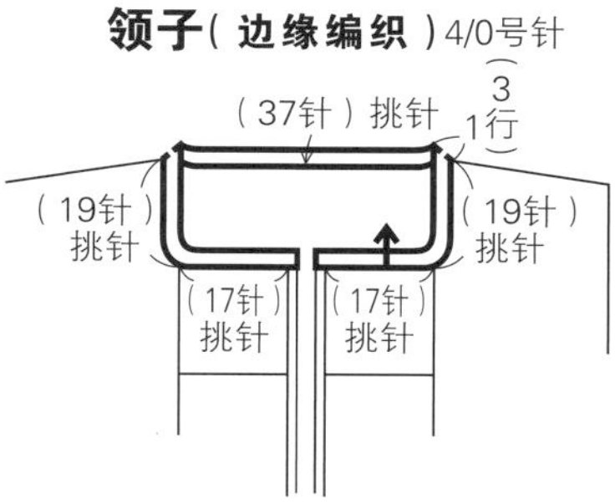

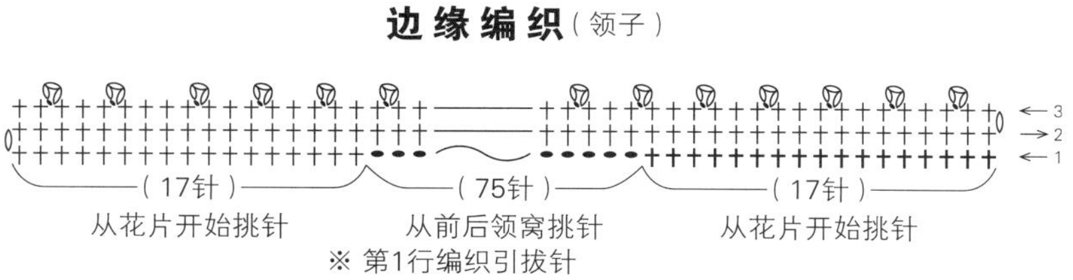

※ 第1行编织引拔针
第2行从锁针的2根线挑针，编织短针

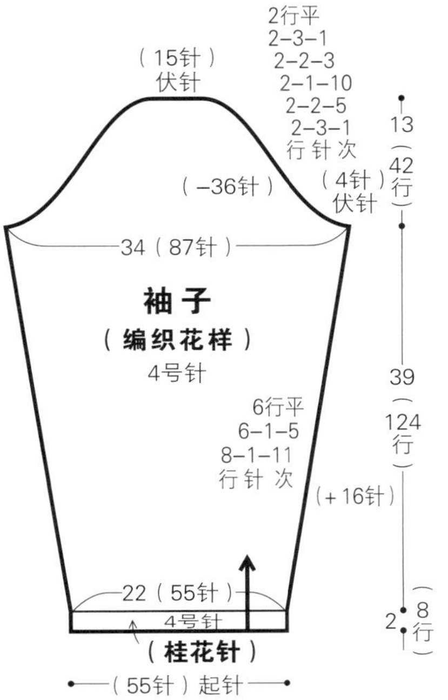
（15针）
伏针
2行平
2-3-1
2-2-3
2-1-10
2-2-5
2-3-1
行 针 次
（-36针）
（4针）
伏针
13
（42行）
34（87针）
袖子
（编织花样）
4号针
39
（124行）
6行平
6-1-5
8-1-11
行 针 次
（+16针）
22（55针）
4号针
2
（8行）
（桂花针）
（55针）起针

编织花样

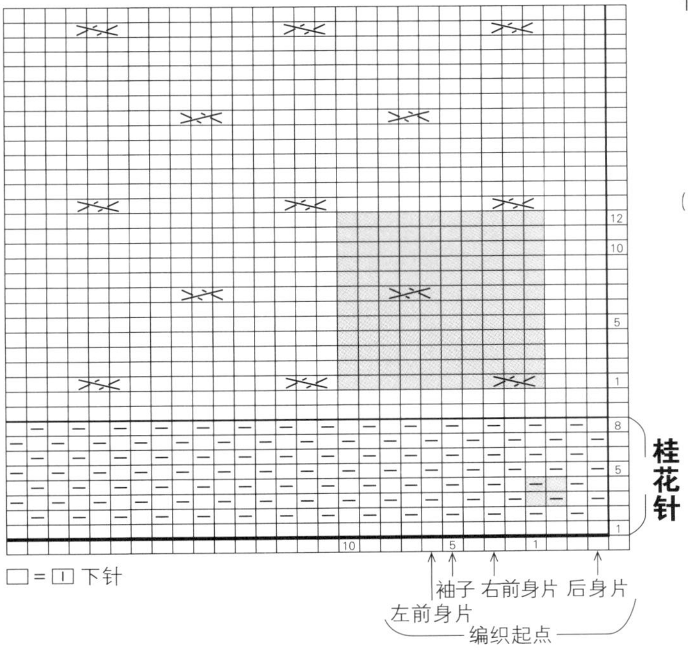
12
10
5
1
8
5
1
10
5
1
桂花针
□ = ⊡ 下针
袖子
右前身片
后身片
左前身片
编织起点

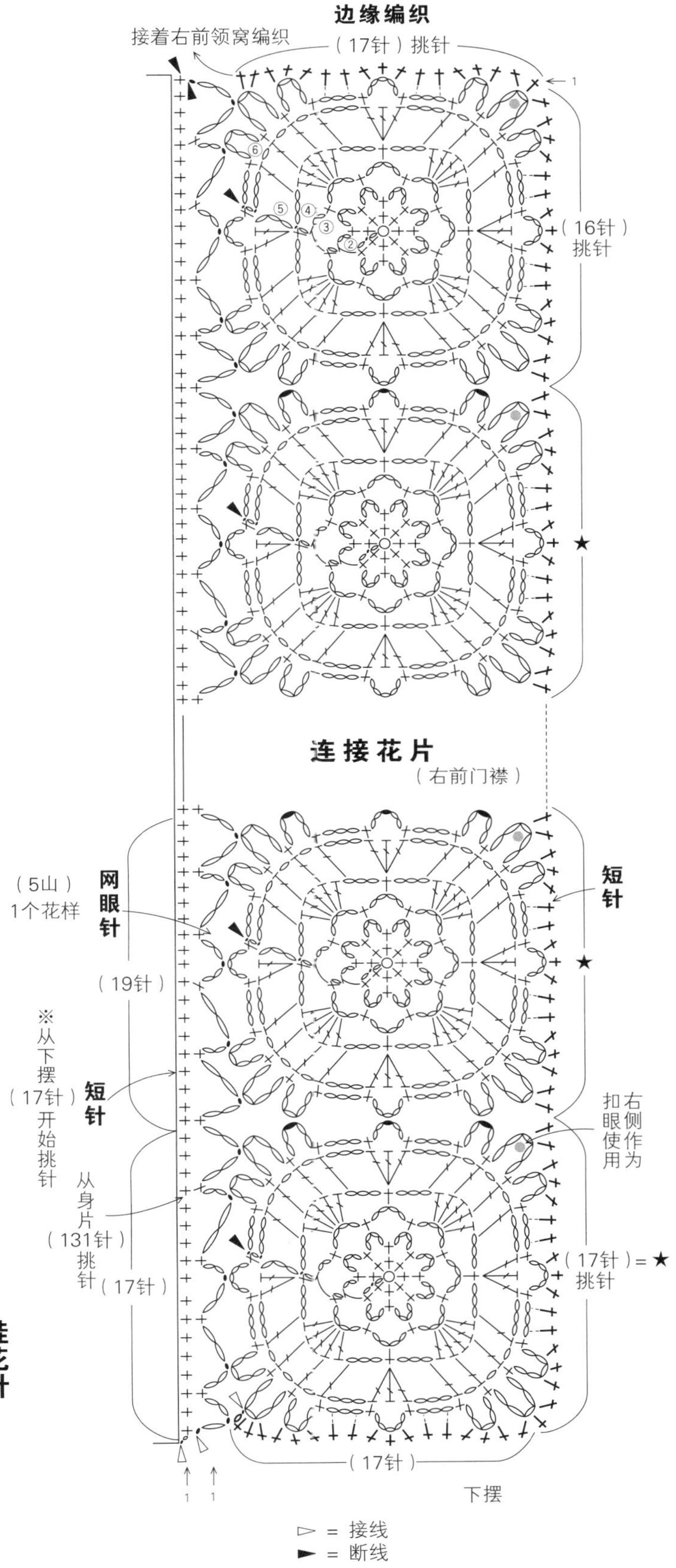
边缘编织
接着右前领窝编织
（17针）挑针
1
⑥
⑤
④
③
②
（16针）挑针
★
连接花片
（右前门襟）
（5山）1个花样
网眼针
短针
（19针）
※从下摆（17针）开始挑针
短针
右侧作为扣眼使用
从身片（131针）挑针
（17针）
（17针）= ★挑针
（17针）
1
1
下摆
▷ = 接线
► = 断线

*05

第 7 页

●**材料** SKI Pearl Silk（中细）浅灰紫色（18）230g/8团

●**工具** 钩针6/0号

●**成品尺寸** 胸围97cm，衣长55cm，连肩袖长51.25cm

●**花片大小** 直径4.8cm

●**编织要点** 因为是连编花片，所以要横向编织。花片在中心位置编织5针锁针连成环，第1行立织1针锁针，重复6次“1针短针、3针锁针”。编织第2行时，将第1行的3针锁针倒向前，然后整段从起针的环（第1行短针的空隙）中引拔后，按照“4针锁针、1针长长针、4针锁针”的顺序编织。花片的下半部分编织好后，向下一个花片的中心处编织。一行的下半部分编织完成后，再折回来编织花片的上半部分，但是要在左边未完成的状态下，向着下一行编织。身片处从花片1织到花片280，然后再回到花片1就完成了。袖子挑起花片274和266开始编织，从花片281开始到花片334环形编织。另一只袖子是挑取花片7和15，从花片335开始到388环形编织。肋部是编织出花片后连接到一起。

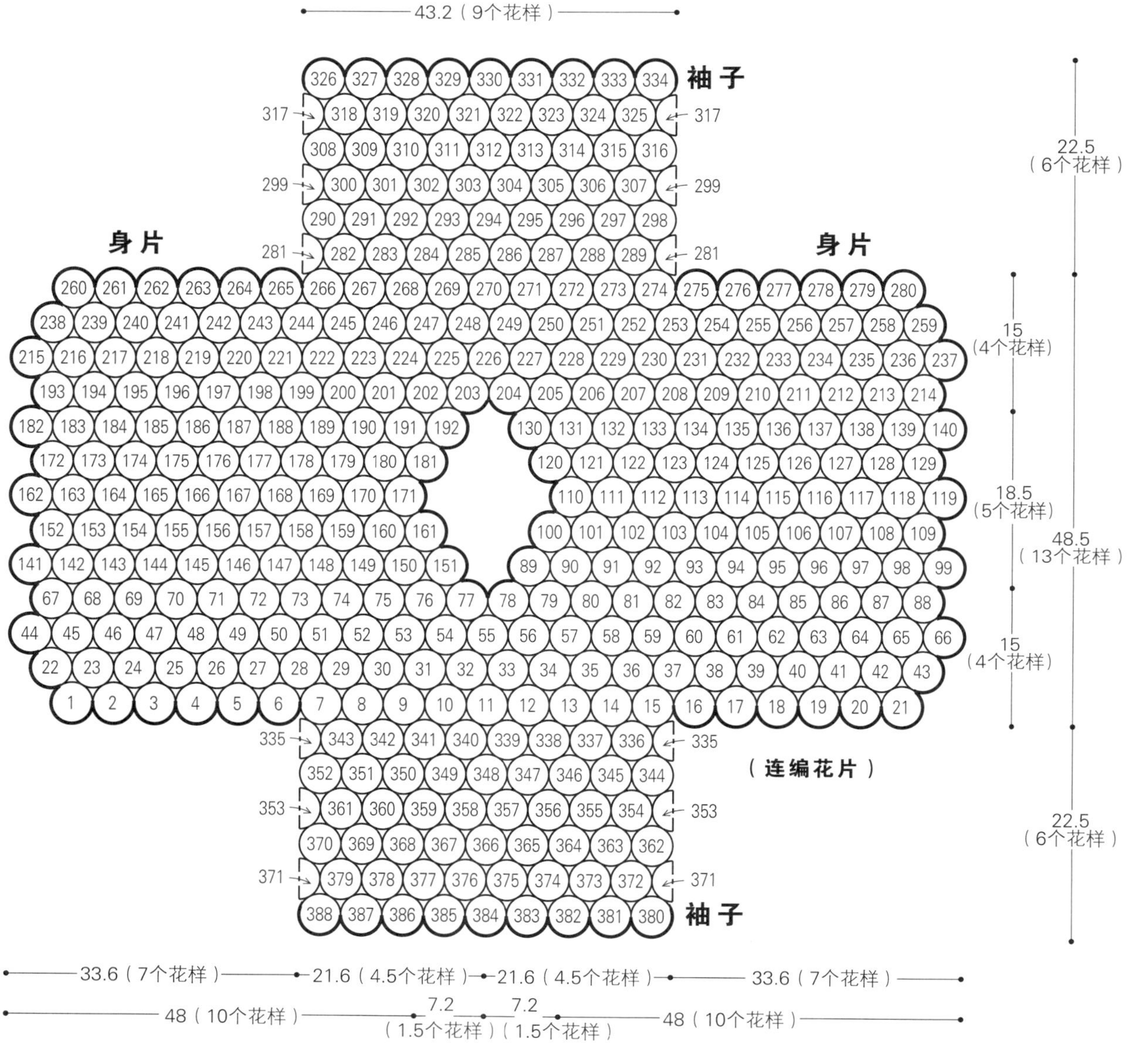

※ 全部用6/0号针编织

花片的编织方法

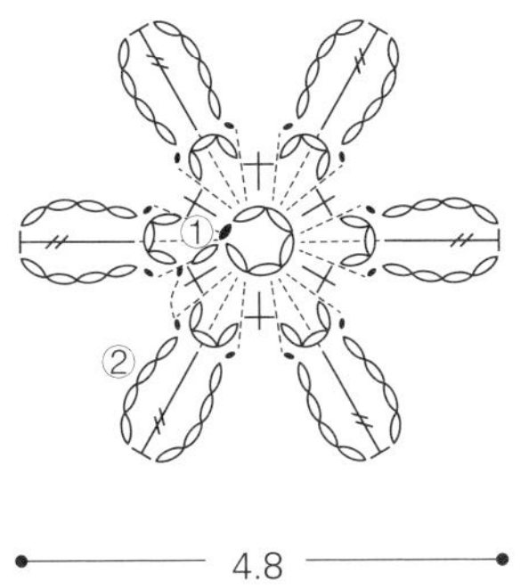

编织第2行时，将第1行的3针锁针倒向前，然后整段从起针的5针锁针（短针编织的空隙）中挑针，按照1针引拔针、4针锁针、1针长长针、4针锁针、1针引拔针的方法编织

花片的连接方法

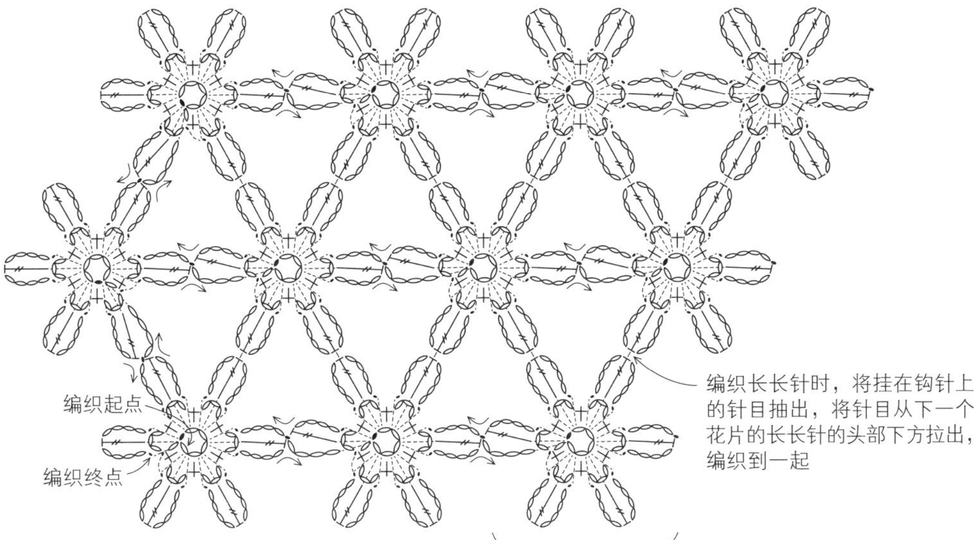

编织好花片第1行和第2行的下半部分之后，再折回来编织剩下的上半部分

胁部的连接方法

06

第 8 页

●**材料** SKI Lyra(粗)焦茶色(2707)260g/9团

●**工具** 棒针 6 号，钩针 6/0 号

●**成品尺寸** 胸围 96cm，肩宽 36cm，衣长 55.5cm，袖长 42.5cm

●**编织密度** 10cm×10cm 面积内：编织花样 17.5 针，27 行

●**编织要点** 前后身片共线锁针起针后编织起伏针，从换线开始，如图所示做编织花样。领窝立起侧边 1 针减针，从袖窿位置开始分成前后身片 3 部分编织。斜肩做引返编织。袖子做起伏针和编织花样，袖下在边上 1 针的内侧渡线做扭针加针。前后肩部正面相对对齐做引拔接合；领子、前门襟继续做边缘编织。袖下做挑针缝合，袖子和身片之间做引拔接合。

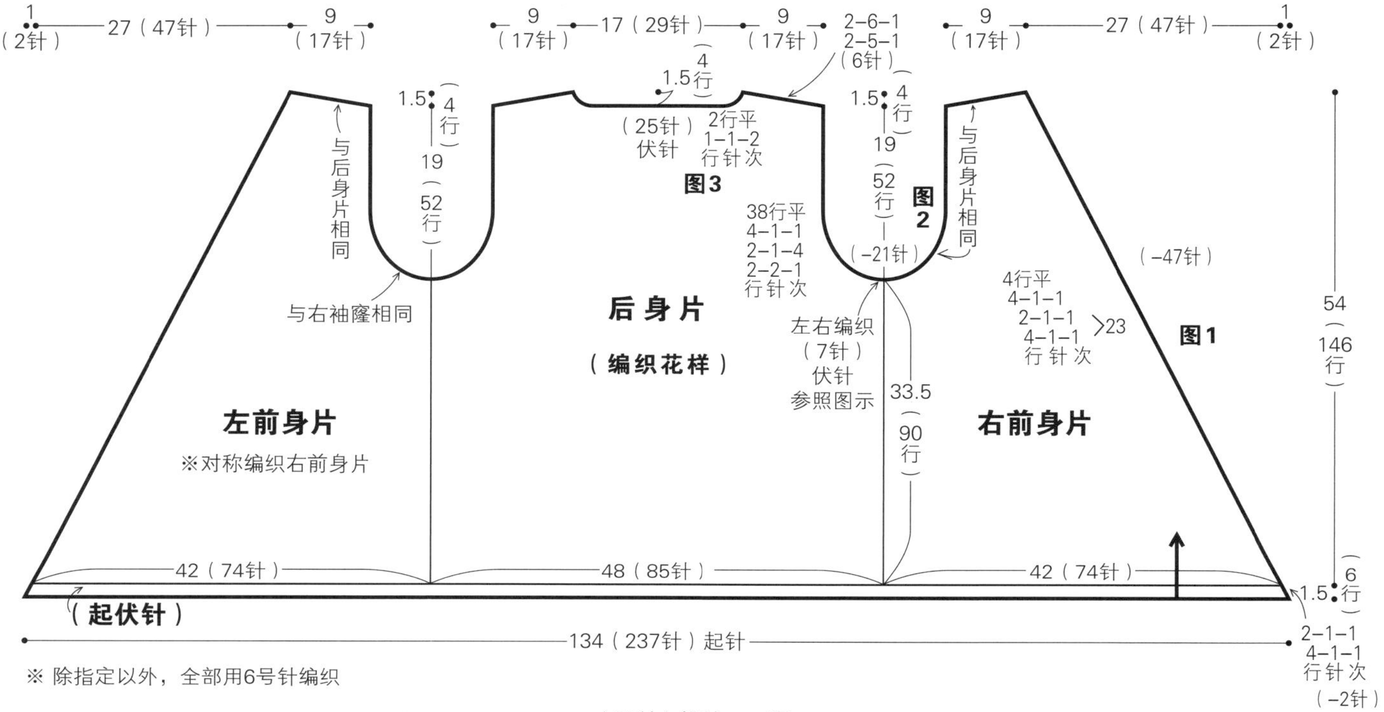

※ 除指定以外，全部用6号针编织

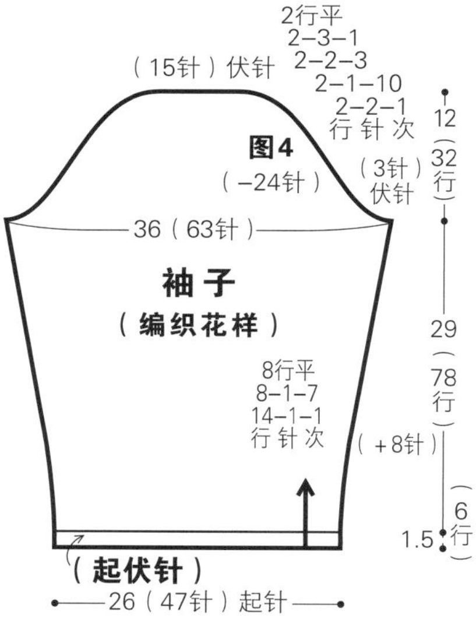

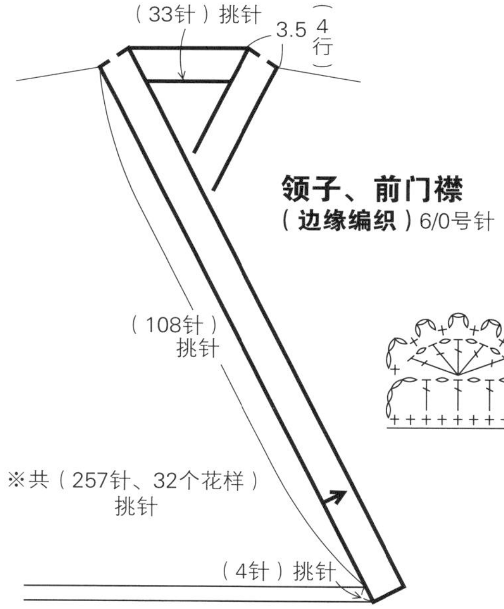

▷ = 接线
► = 断线

边缘编织

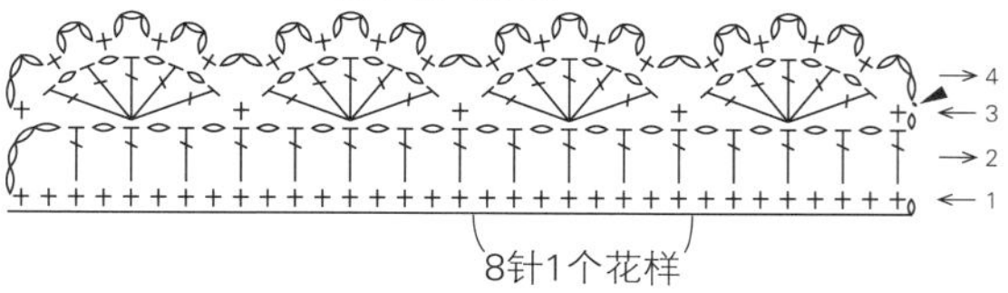

编织花样

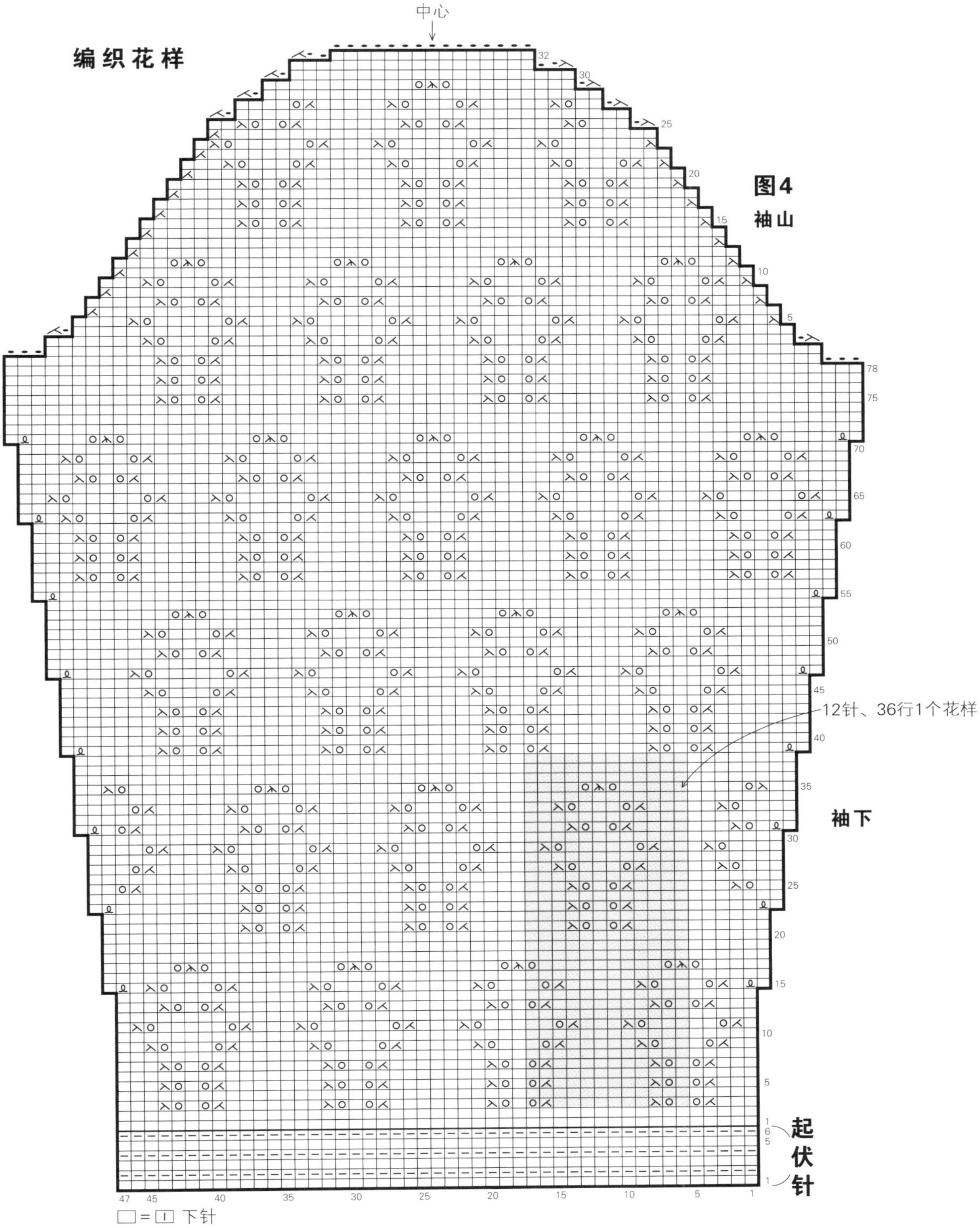

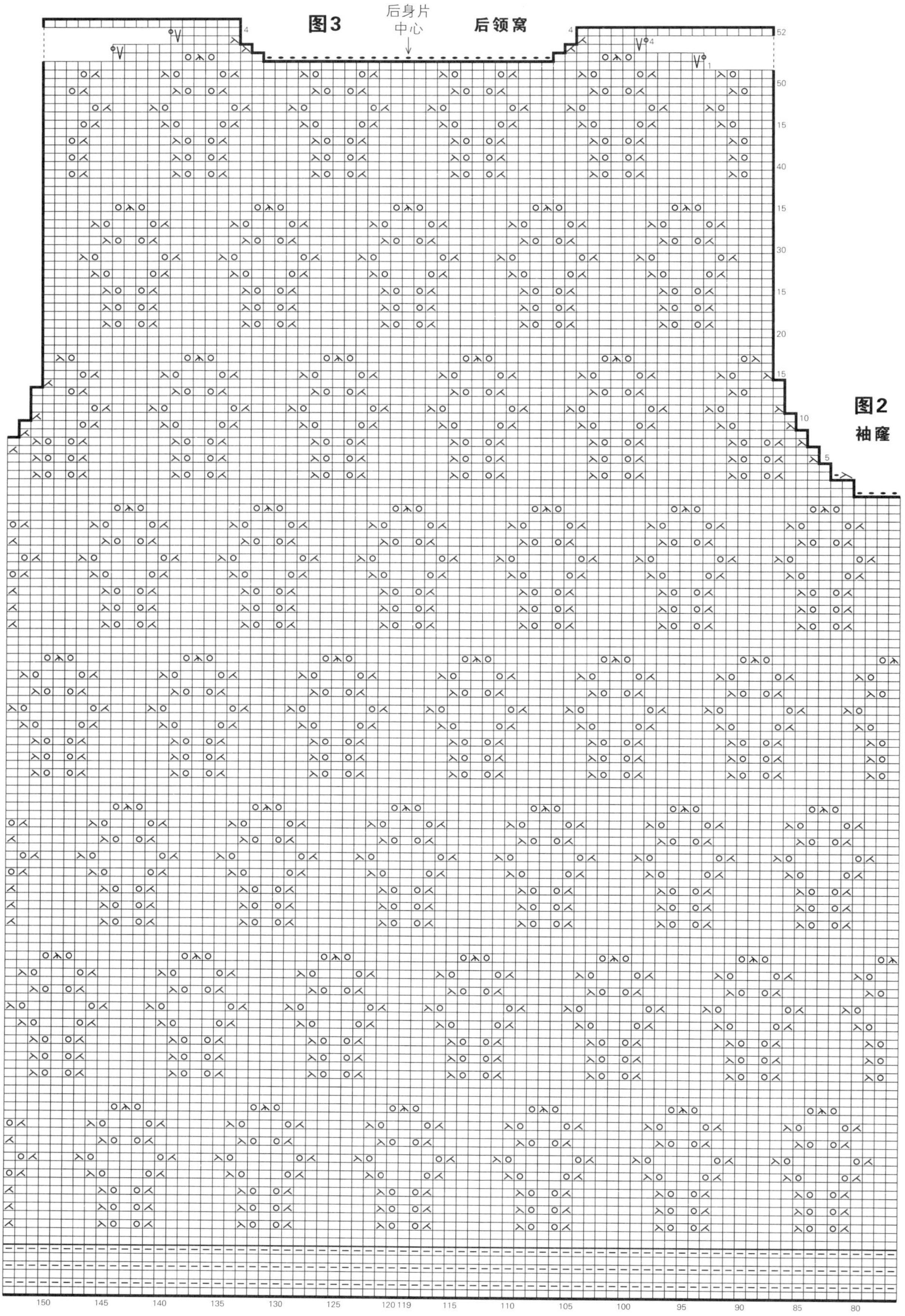
图3
后身片
中心
后领窝
图2
袖窿

共线锁针的起针 （编织的时候针目不要过紧）

①

②

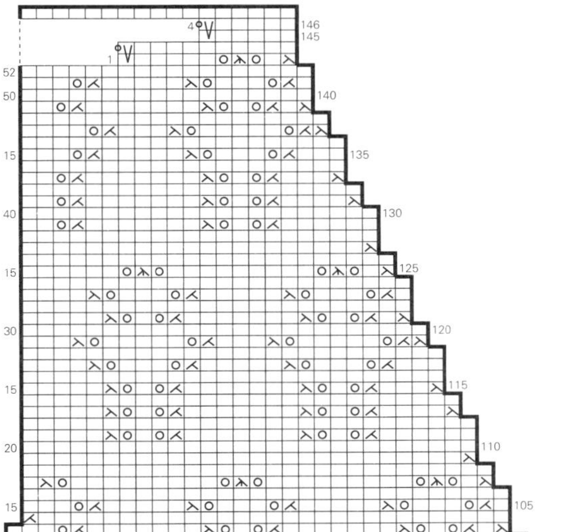
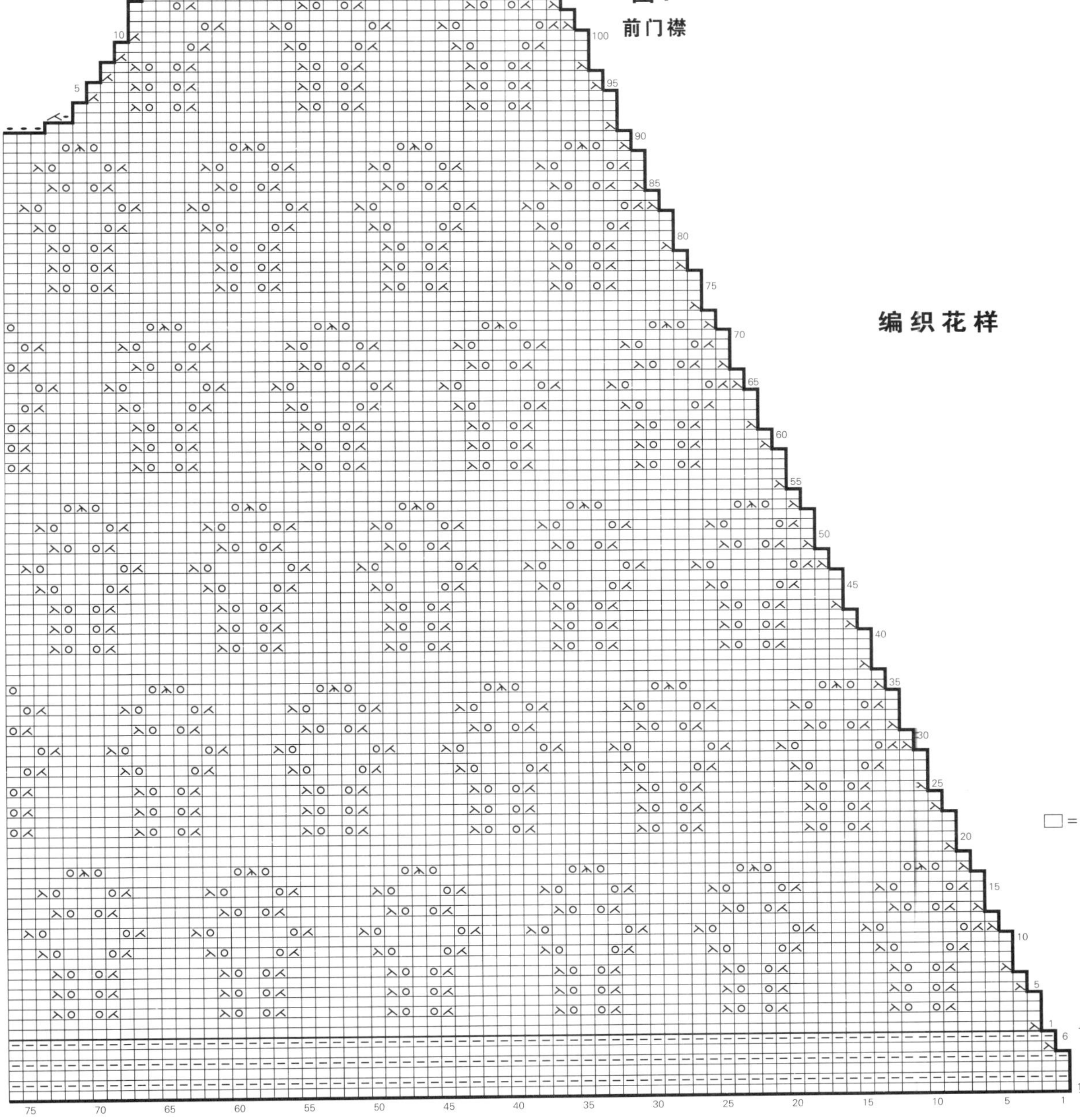

图1

前门襟

编织花样

起伏针

□=□ 下针

＊07

第 11 页

●**材料** SKI Mago(粗)酒红色、蓝色段染(2038)300g/10团，直径1.5cm的纽扣6颗

●**工具** 钩针 6/0号

●**成品尺寸** 胸围 99cm，肩宽 35cm，衣长 54.5cm，袖长 49cm

●**编织密度** 10cm×10cm面积内：编织花样 22针，10行

●**编织要点** 身片和袖子编织锁针起针，在锁针的里山挑针，做编织花样 A。编织长针时，前一行锁针要整段挑针。肩部做挑针缝合，肋部和袖下钩引拔针和锁针接合。前门襟和下摆继续做边缘编织，前门襟上端的转角和下摆的转角要按照图中所示编织。袖口环形做边缘编织。领子从正面挑针，做编织花样 B，如图所示分散加针，周围的三边编织网眼针。用半回针缝将袖子和身片缝到一起。利用花样的空隙作为扣眼。为了便于使用，需要用同样颜色的线在反面做法式结粒绣。

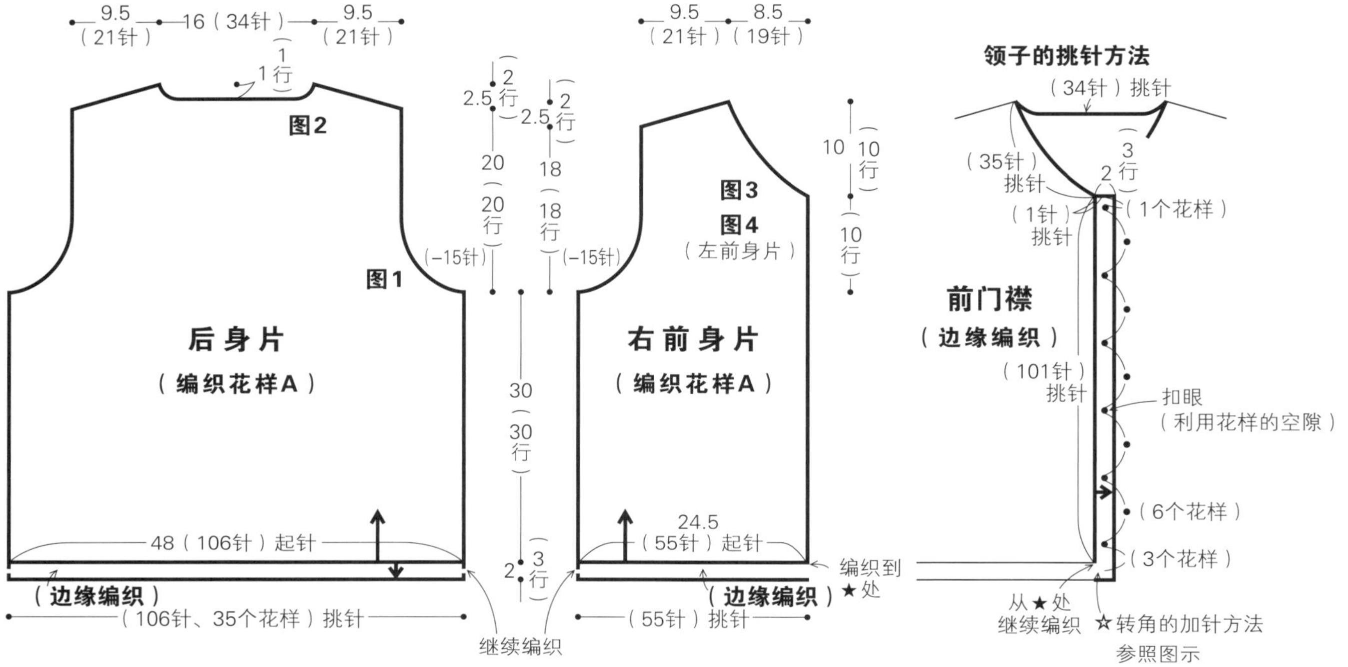

※ 全部用6/0号针编织

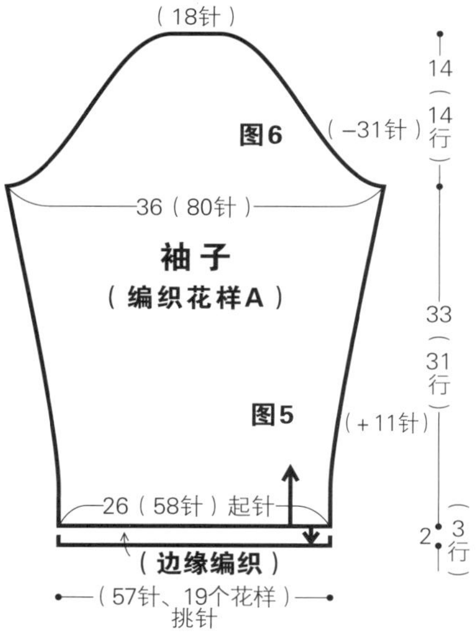

编织花样

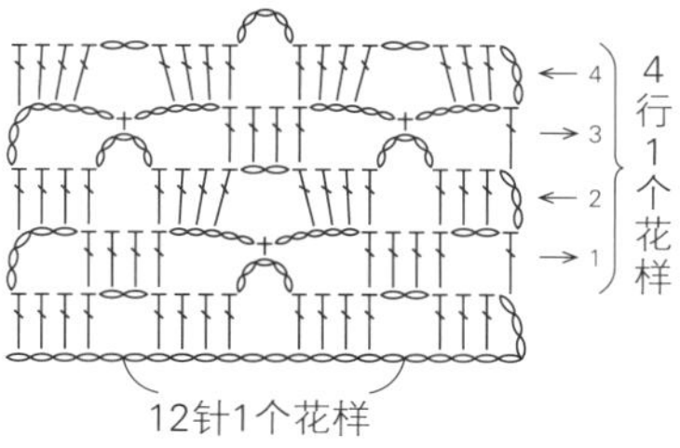

←领子的编织方法在第 45 页

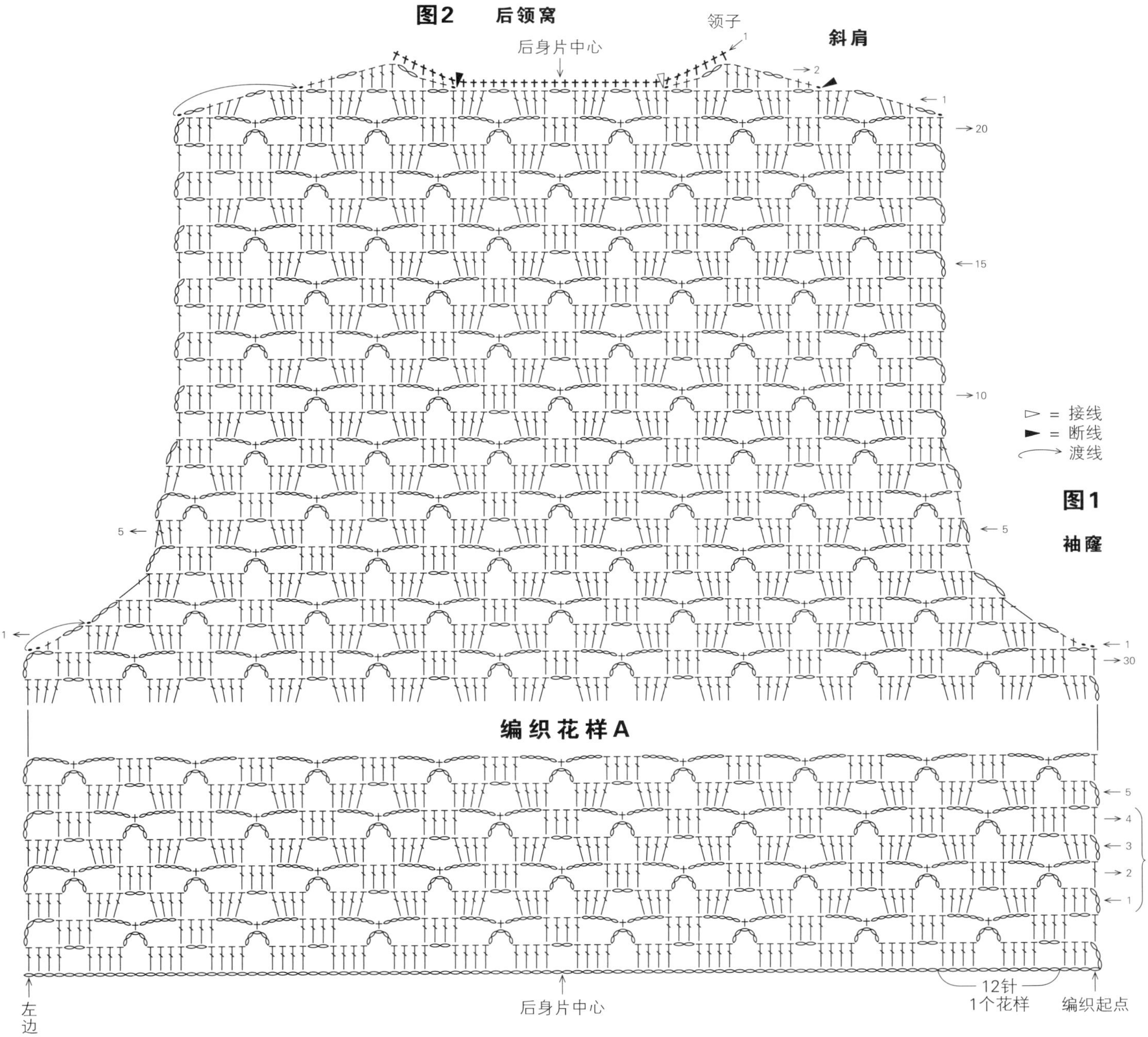

边缘编织

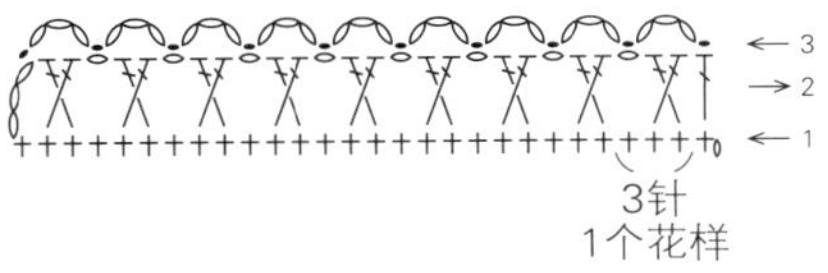

袖口的边缘编织

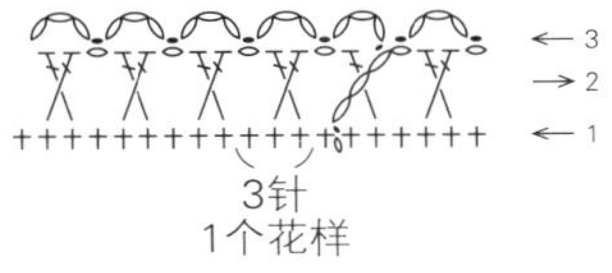

图3
前领窝

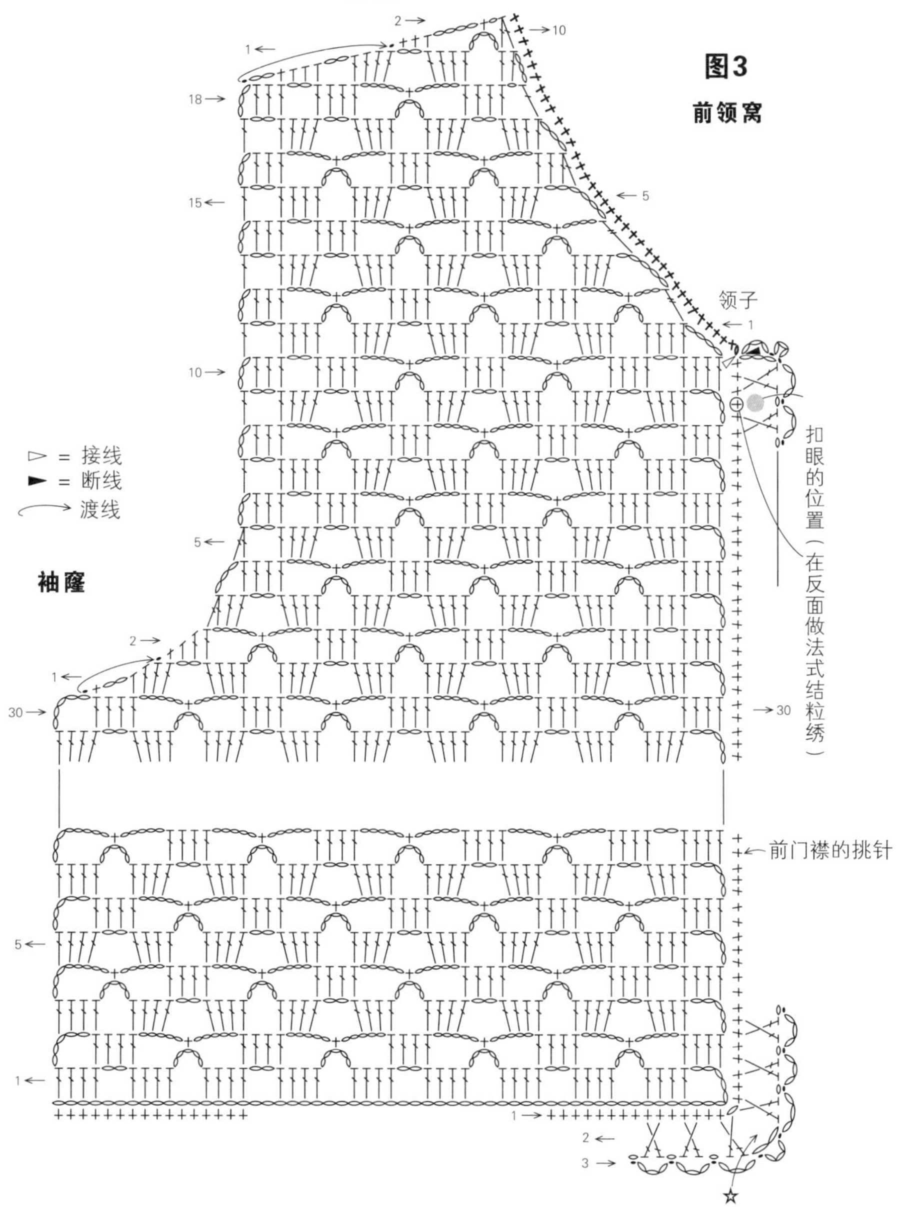

图4
前领窝

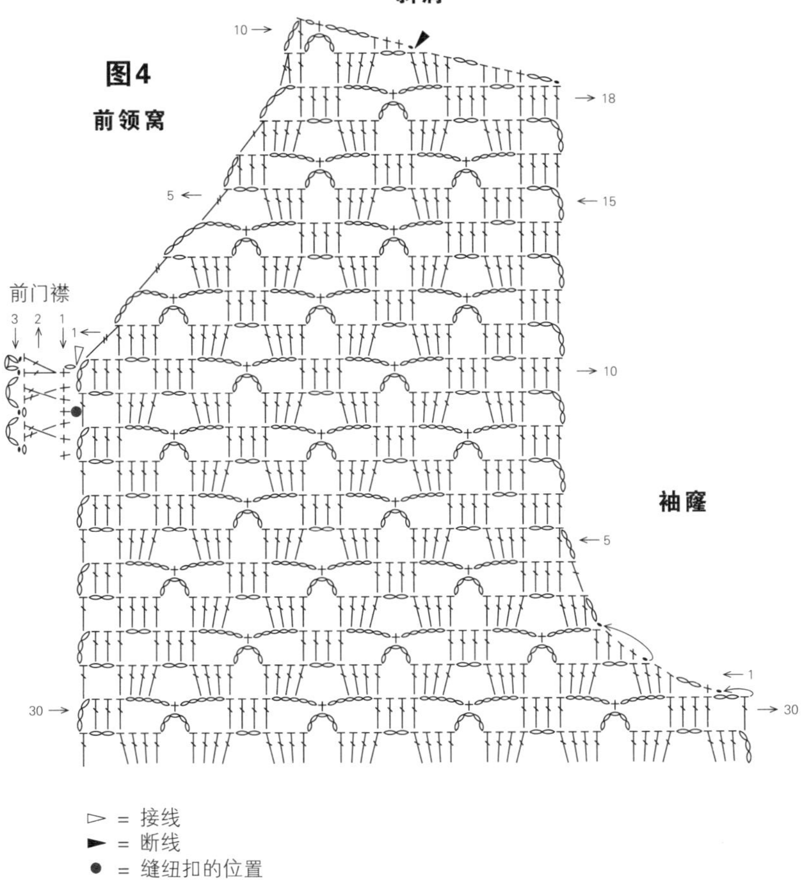

法式结粒绣

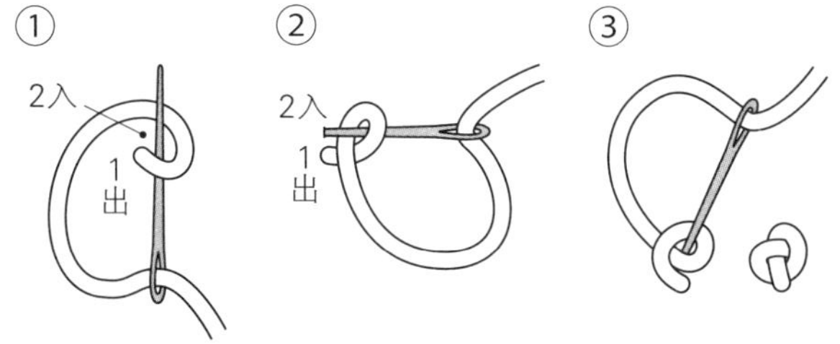

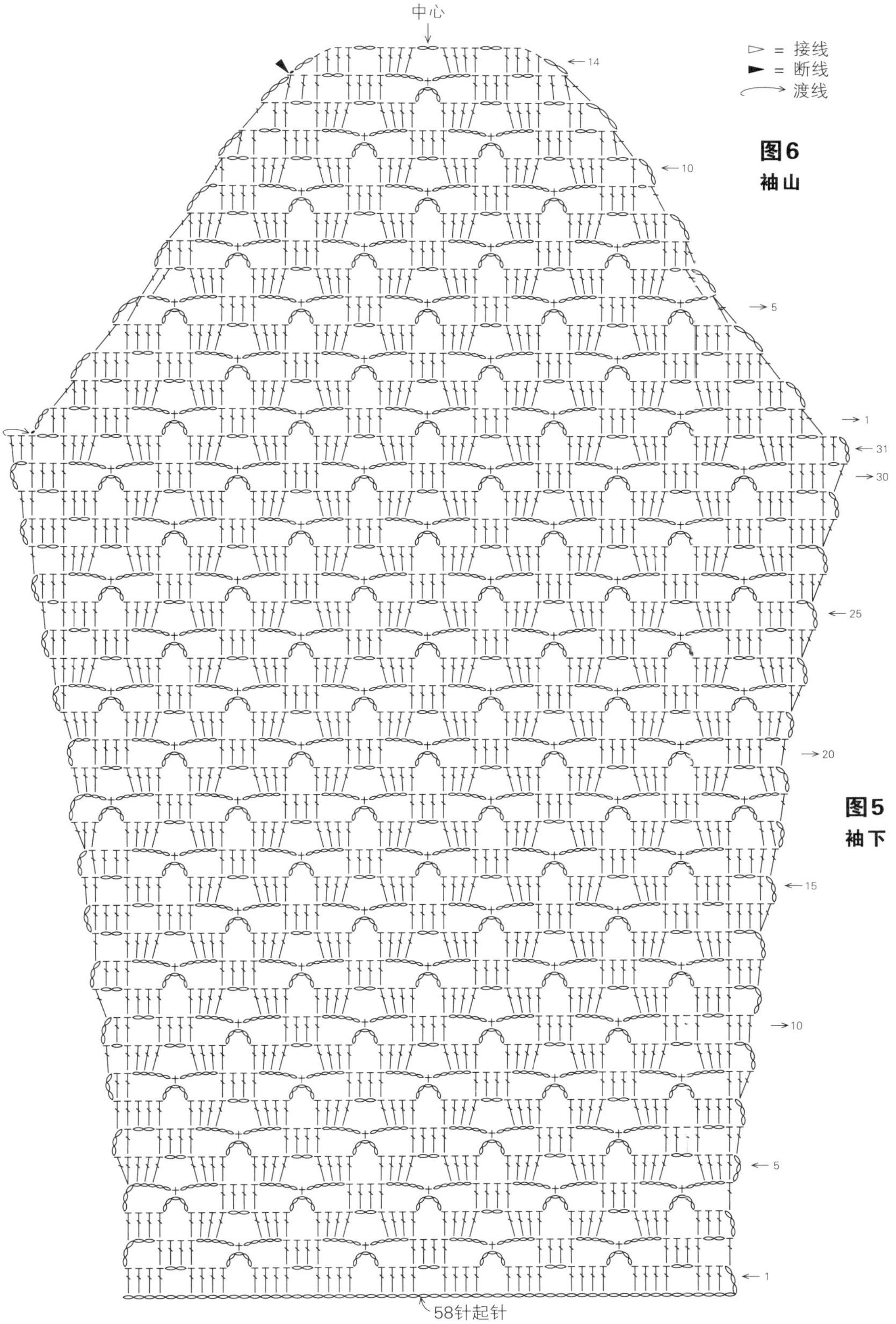

图6
袖山

图5
袖下

＊08

第 12 页

●**材料** SKI Mago(粗) 浅蓝色、粉红色段染(2031) 355g/12团

●**工具** 棒针 6 号、5 号、4 号

●**成品尺寸** 胸围 96cm，衣长 61cm，连肩袖长 67cm

●**编织密度** 10cm×10cm 面积内：下针编织 20 针，32 行；桂花针 21.5 针，32 行

●**编织要点** 身片下半部分的肋部手指挂线起针，横向编织桂花针和下针编织，最后用引拔针收针。身片的上部从下部（下针编织）的行边挑针边做下针编织，袖下做卷针加针，斜肩做引返编织。领窝减 2 针及以上时做伏针减针，1 针时立起侧边 1 针减针。前后肩部做盖针接合后挑起袖子，一边调整密度的同时一边按双罗纹针编织袖子，最后用双罗纹针收针。领子环形挑针，做下针编织，如图所示，在指定的 2 行均匀地做左加针。继续编织桂花针，最后做下针织下针的伏针收针。肋部做下针编织，身片上半部分的加针处做挑针缝合，袖下做挑针缝合。

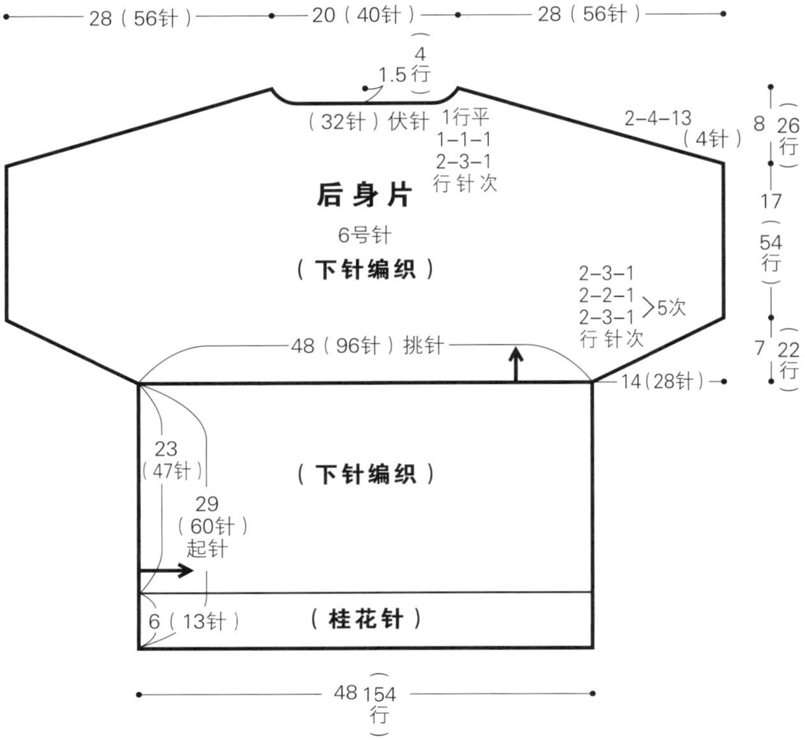

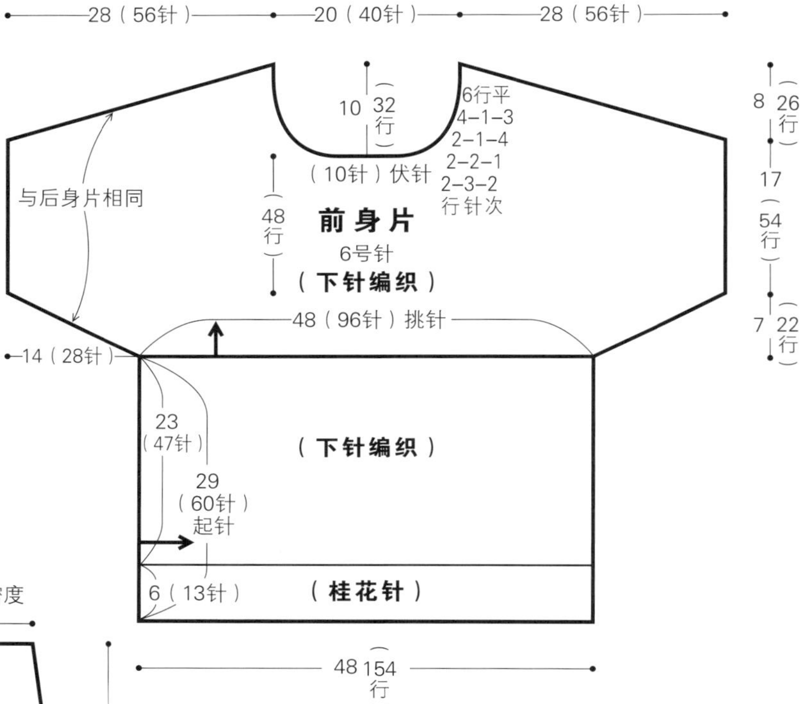

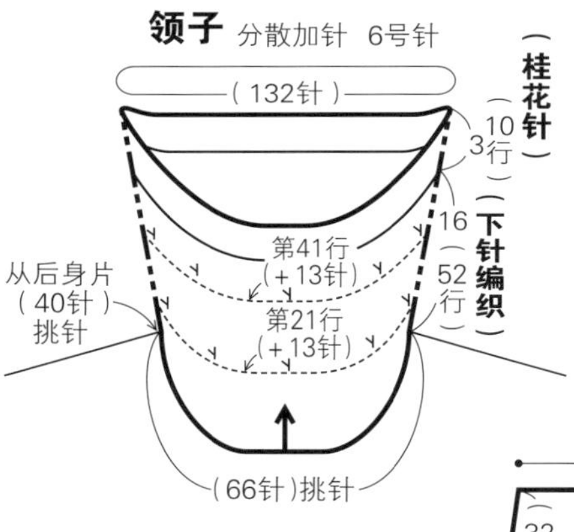

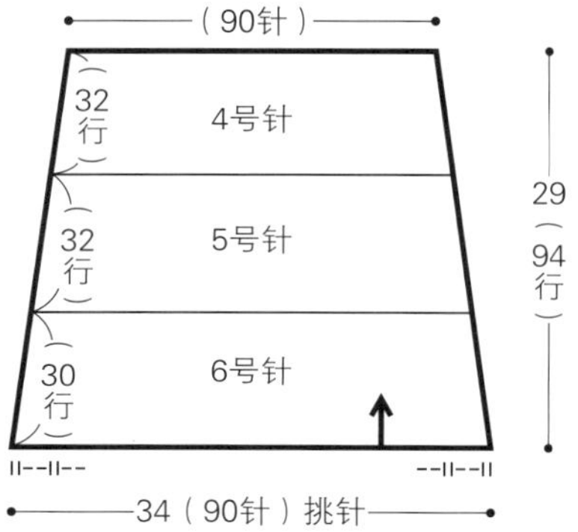

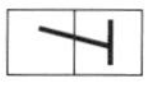

左加针的编织方法在第 109 页

卷针加针的编织方法在第 65 页

桂 花 针

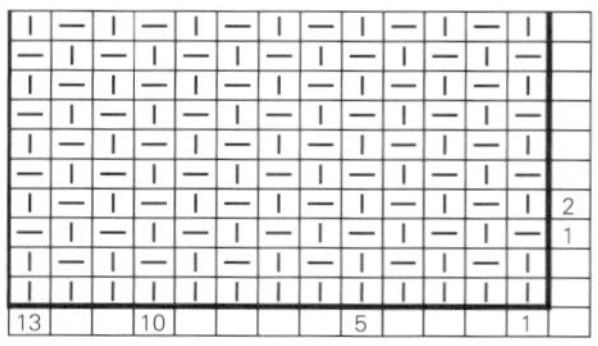

10

第14页

●**材料** SKI Neige（粗）灰粉色系(2135) 360g/12团

●**工具** 钩针6/0号

●**成品尺寸** 胸围138cm，衣长60.5cm，连肩袖长57cm

●**编织密度** 10cm×10cm面积内：编织花样A 21针，9.5行；编织花样B 18针8cm，9.5行10cm；编织花样C 1个花样4.6cm×1.5cm

●**编织要点** 前后身片锁针起针，在锁针的里山挑针，如图所示，按照编织花样A、B的方法，无加、减针编织。领窝处参照图1、图2编织。肩部做锁针接合，袖子从身片挑针，如图3所示，做编织花样C。胁部和袖下钩引拔针和锁针接合，下摆按边缘编织A环形编织。领子从反面挑针，做边缘编织B。

边缘编织A

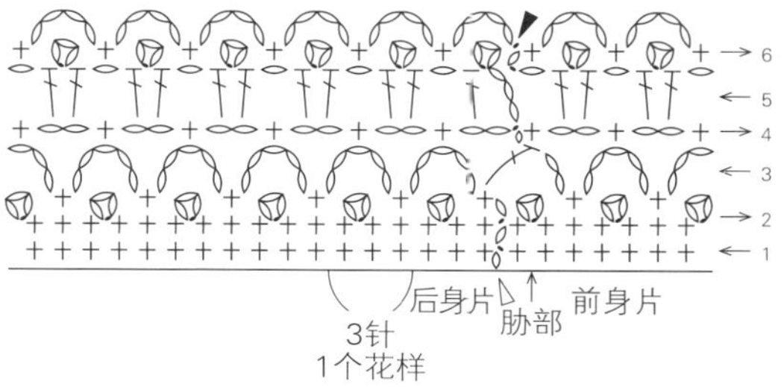

▷ = 接线
► = 断线

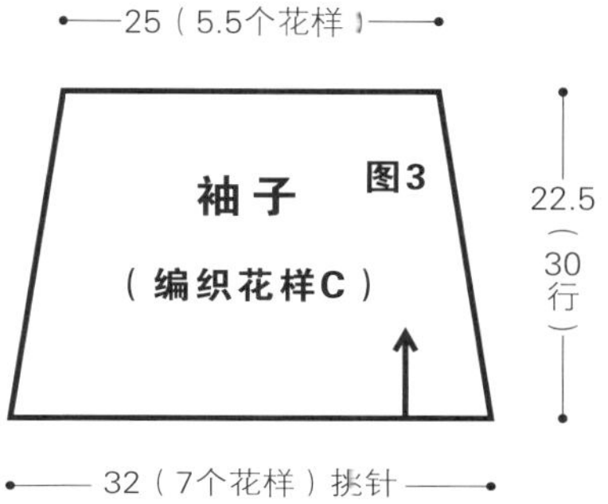

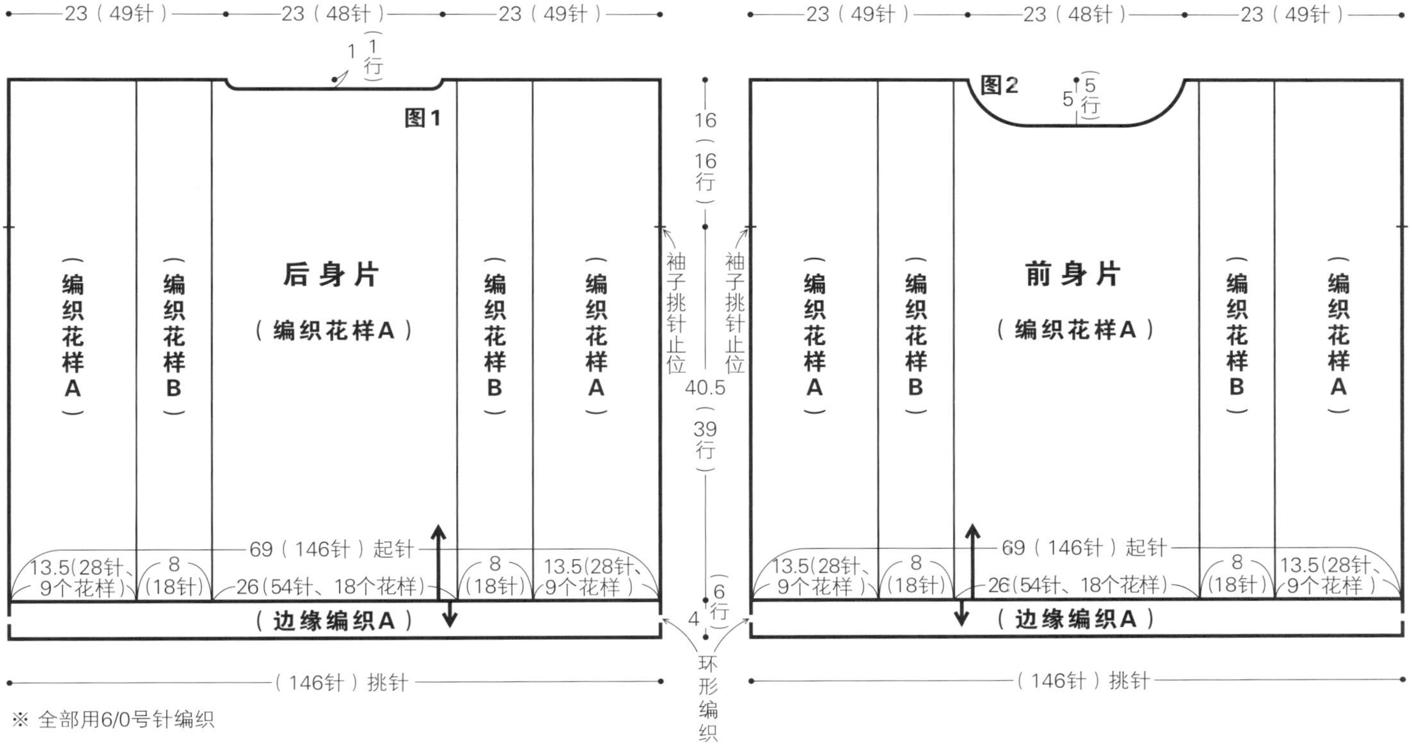

※ 全部用6/0号针编织

图1

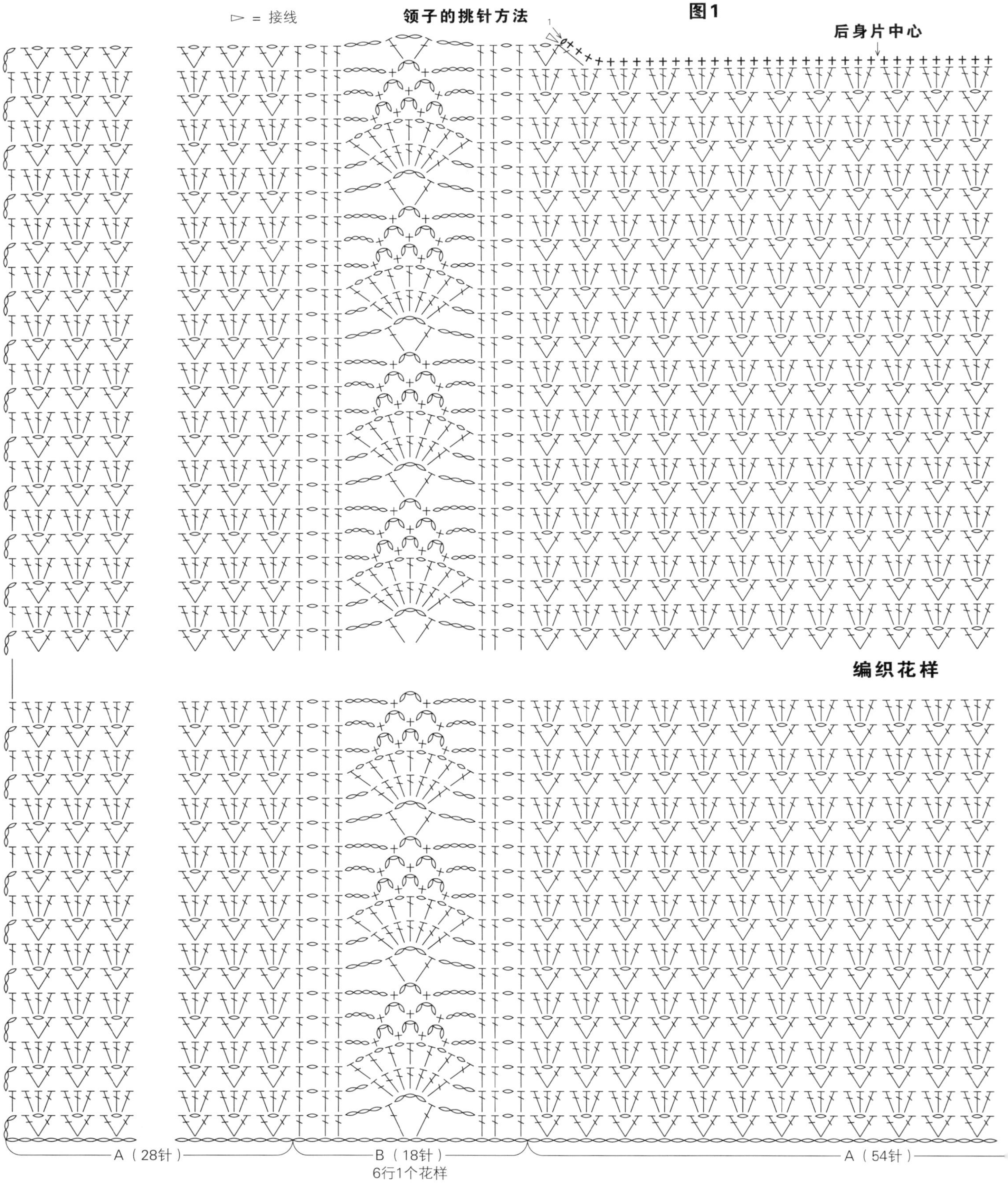

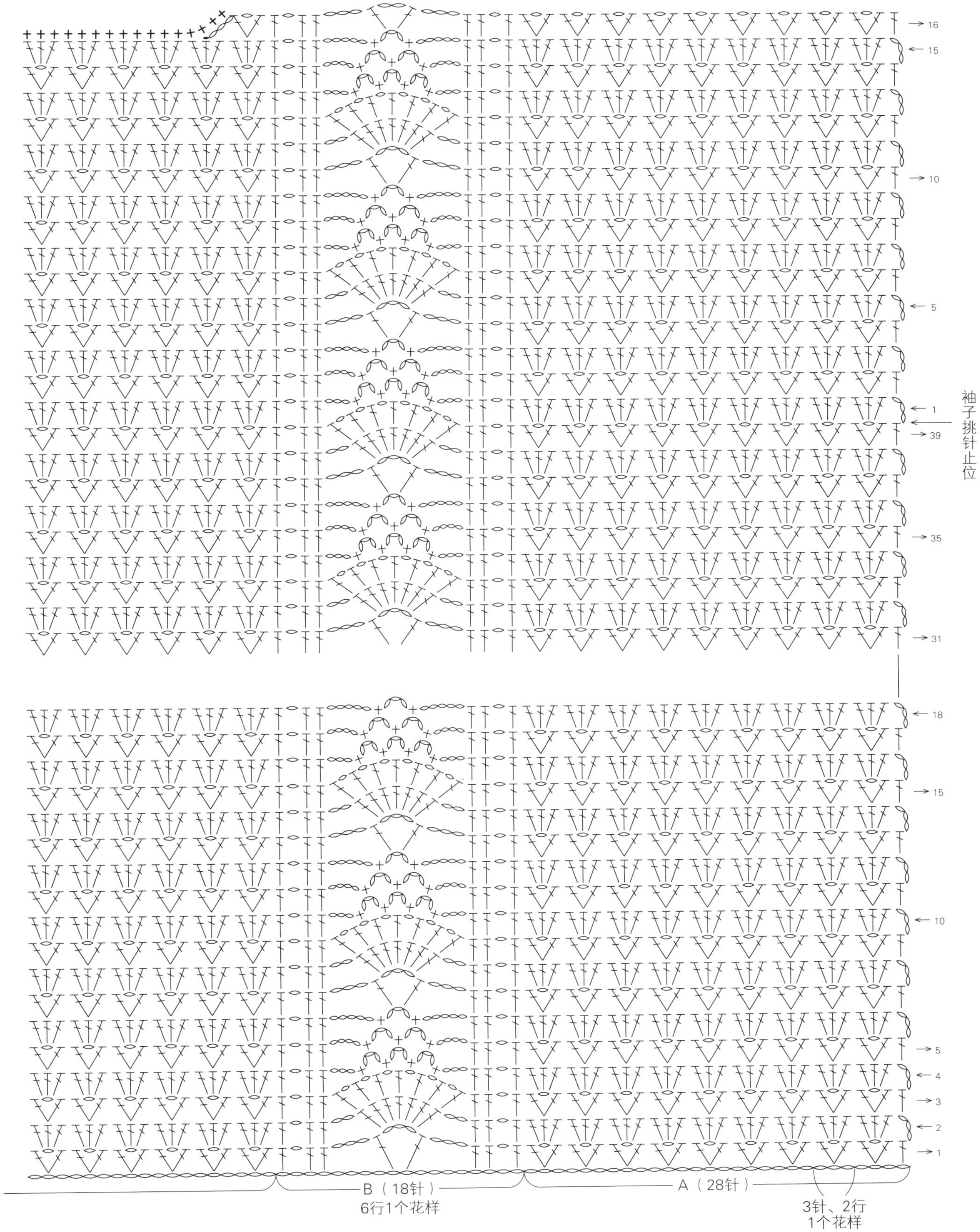
16
15
10
5
1
39
35
31
袖子挑针止位
18
15
10
5
4
3
2
1
B（18针）
6行1个花样
A（28针）
3针、2行
1个花样

编织花样C

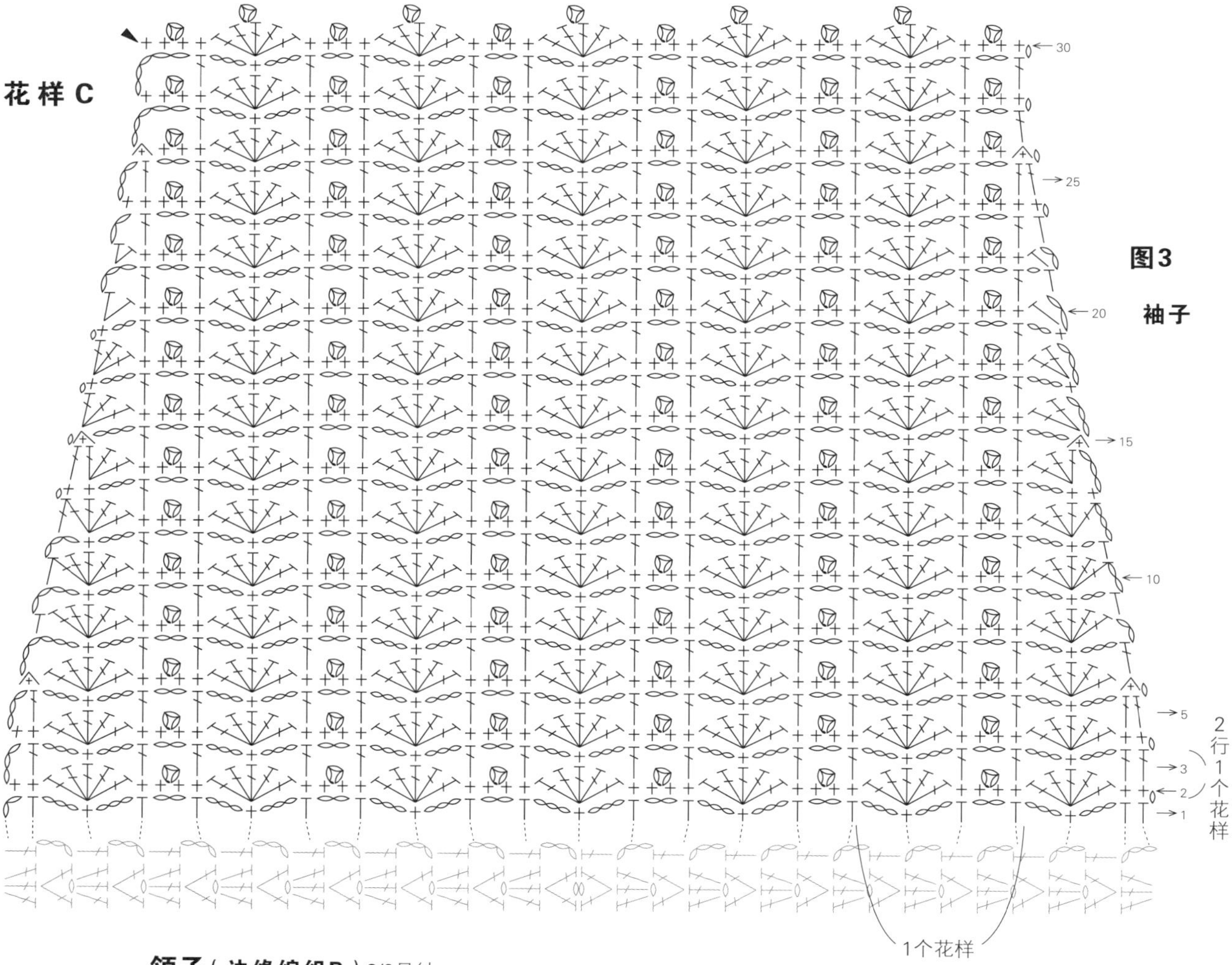

图3
袖子

领子（边缘编织B）6/0号针

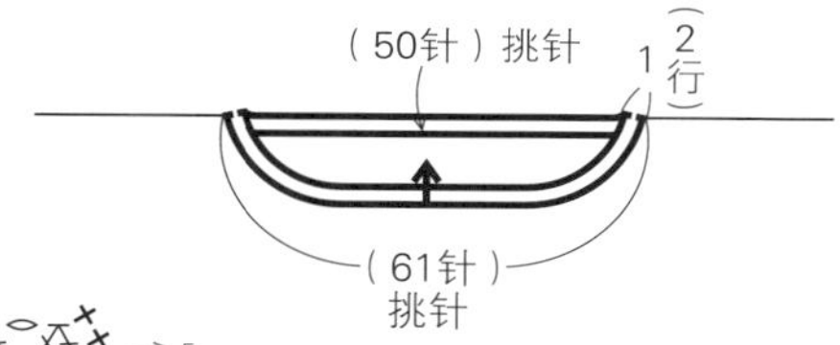

边缘编织B

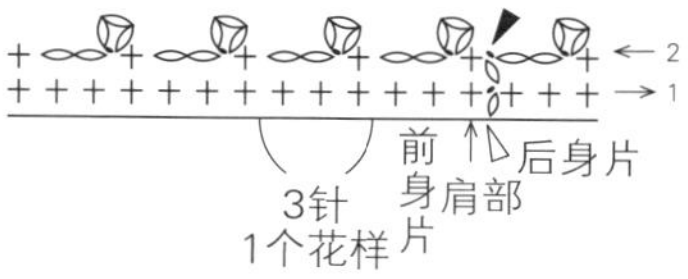

▷ = 接线
◀ = 断线
⌒ = 渡线

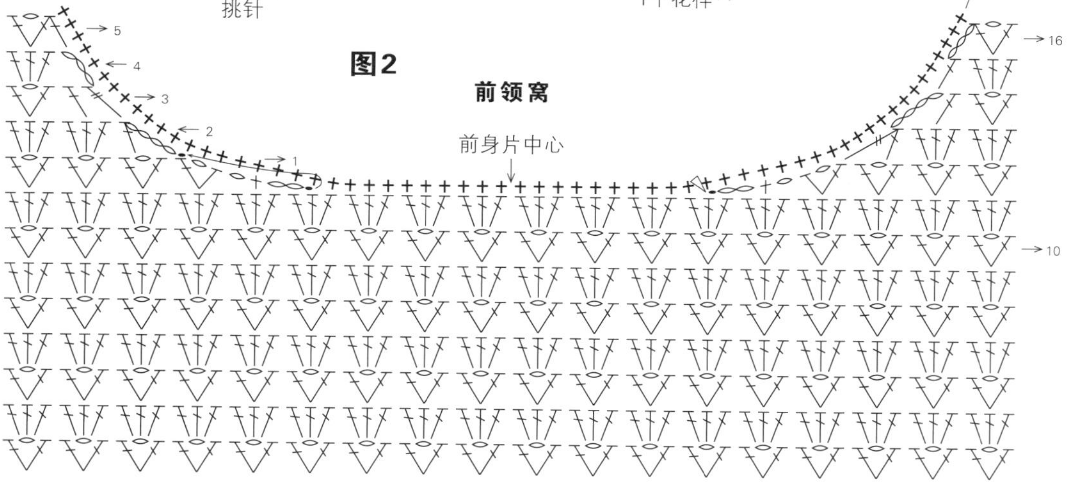

图2
前领窝

✻ 12

第 17 页

●**材料** SKI Mago（粗）粉红色、绿色系(2034)240g/8团

●**工具** 棒针6号、5号

●**成品尺寸** 胸围92cm，衣长51.5cm，连肩袖长32cm

●**编织密度** 10cm×10cm面积内：编织花样A 22针，39行

●**编织要点** 另线锁针起针后做编织花样。袖下的加针，1针时在边上1针的内侧做扭针加针，2针及以上时做卷针加针。领窝的减针，2针及以上时做伏针减针，1针时立起侧边1针减针。下摆拆开锁针的同时挑针，然后均匀减针，编织起伏针。前后肩部正面相对对齐，做盖针接合，领口环形挑针，编织起伏针，最后做伏针收针。袖口编织起伏针。胁部做挑针缝合，袖下做挑针缝合。

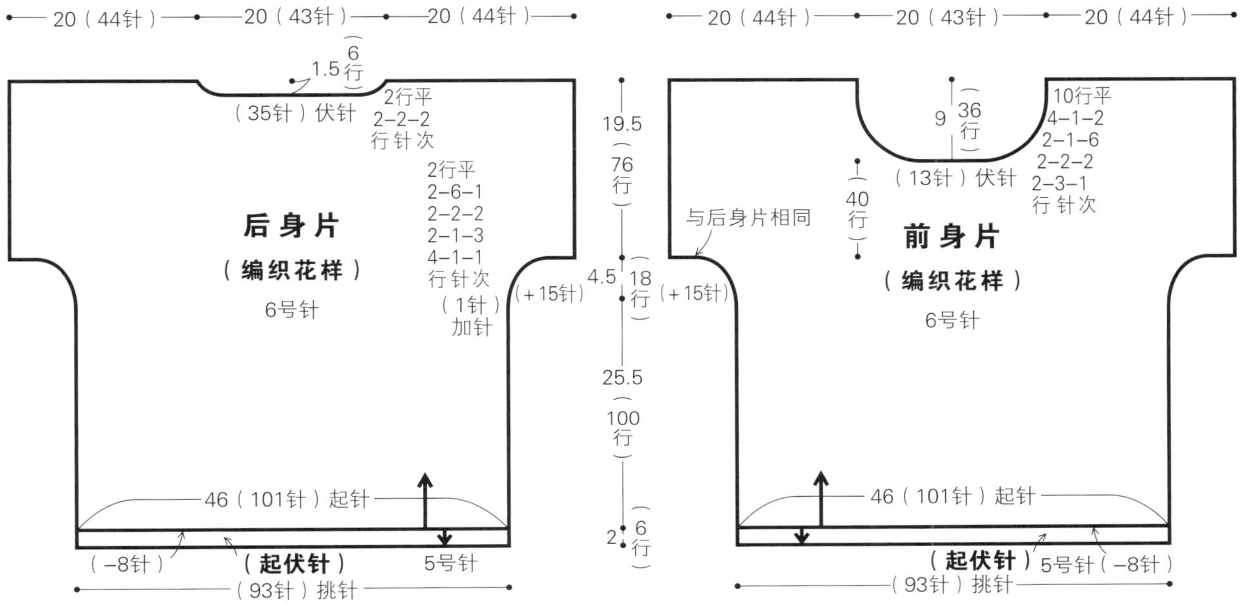

编织花样

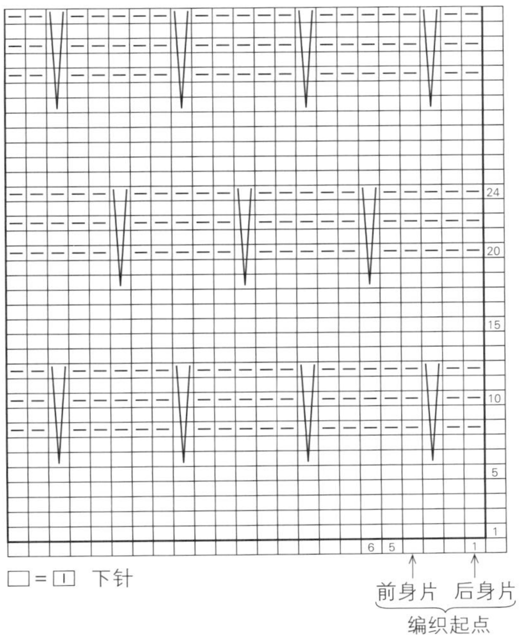

领口、袖口（起伏针）5号针

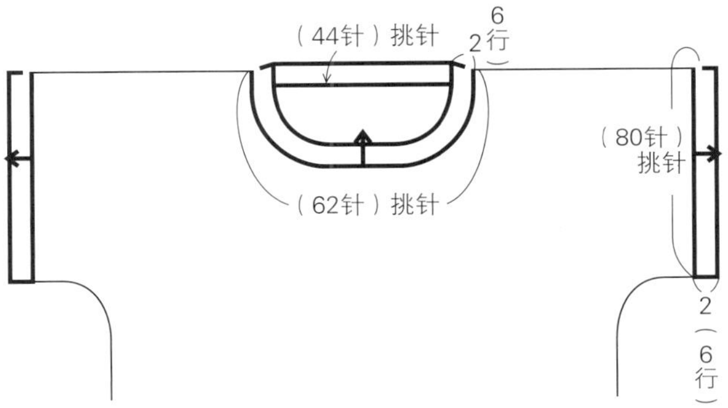

滑针在第109页

*

09

第 13 页

●**材料** SKI Neige（粗）黄色、绿色系（2132）190g/7团，直径 1.5cm 的纽扣 1颗

●**工具** 棒针 5号、6号，钩针 5/0号

●**成品尺寸** 胸围96cm，肩宽36cm，衣长55.5cm，袖长54cm

●**编织密度** 10cm×10cm 面积内：下针编织 20针，32行（5号针）；22针，28行（6号针）；编织花样 20针，23行

●**编织要点** 前后身片在中间另线锁针起针后，横向做编织花样和下针编织。领窝做卷针加针，肩部和袖窿立起侧边针目减针，胁部休针。另一侧在拆开另线锁针针目的同时挑针，按照相同方法编织。编织后身片时，要在后开口处重新编织另线锁针 10针，然后共挑 89针。袖子共线锁针起针做下针编织，袖下则是在边上 1针的内侧做扭针加针，袖山编织伏针和立起侧边针目减针。身片的肩部和袖下做挑针缝合，胁部做盖针接合。下摆和袖口环形编织边缘编织 A，然后在后身片的开口处，编织引拔针调整领口的形状，接着做边缘编织 B，完成纽襻。最后，用引拔针将袖子连接到身片上。

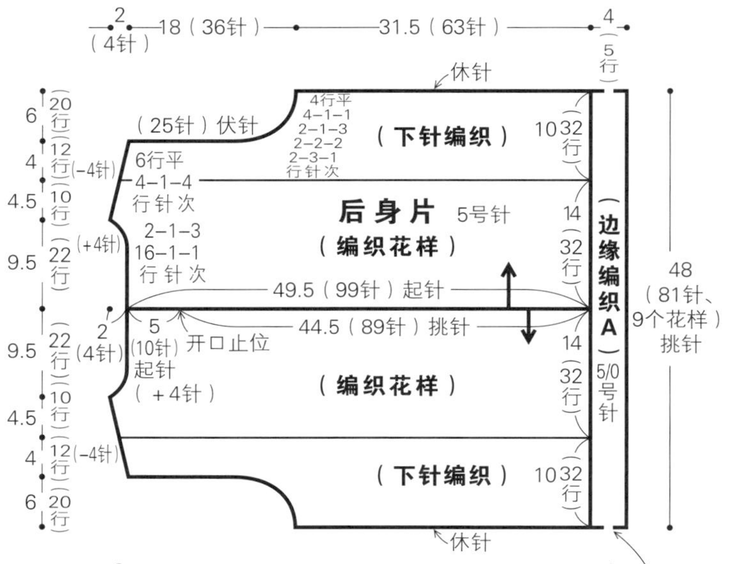

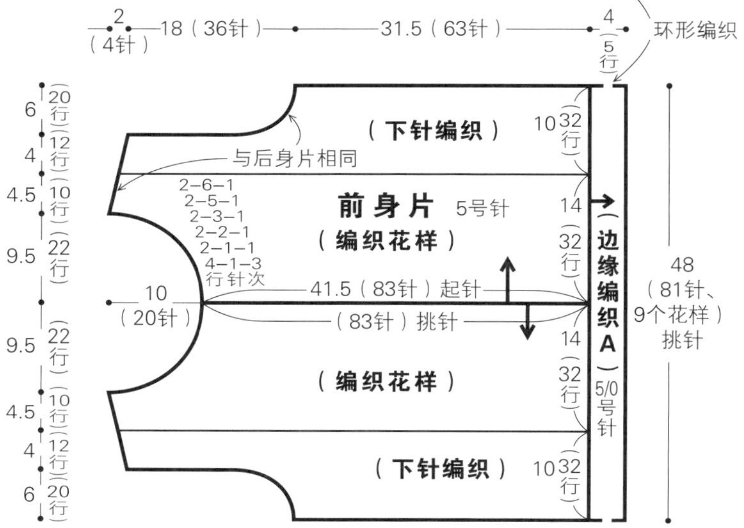

后领窝

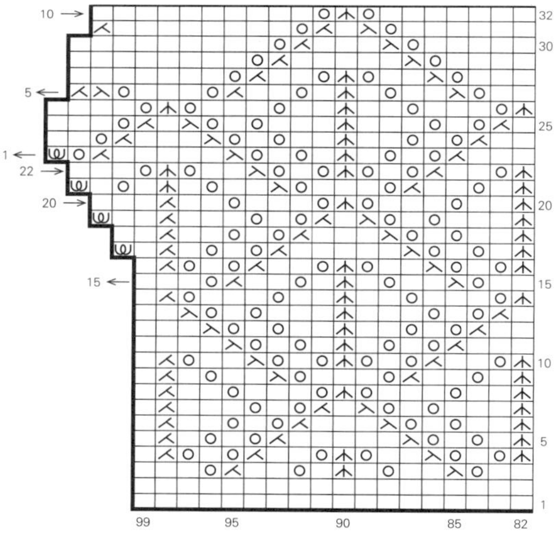

前领窝

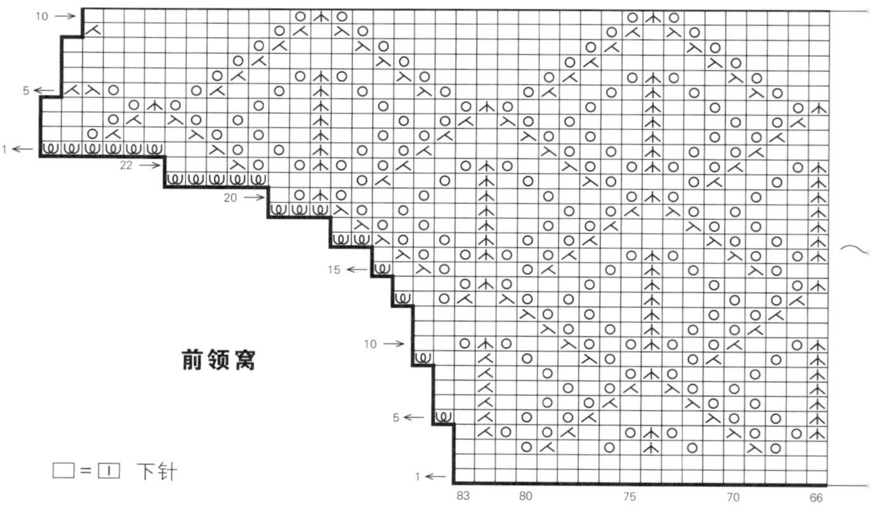

□=□ 下针

边缘编织A（下摆、袖口）5/0号针

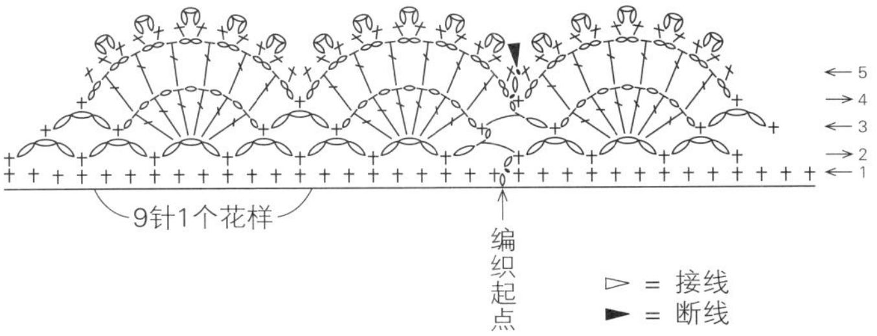

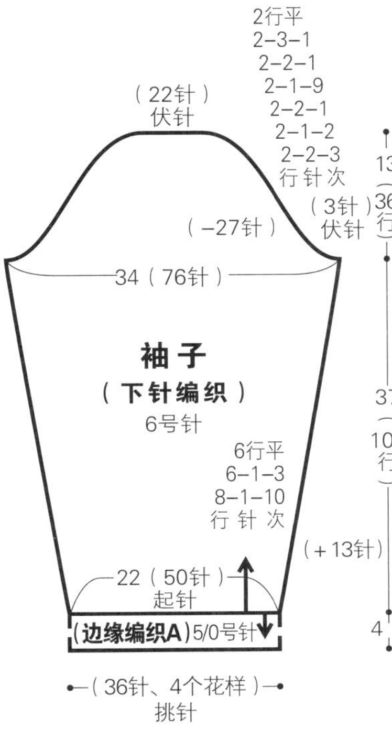

共线锁针的起针方法在第53页

领口（边缘编织B）5/0号针

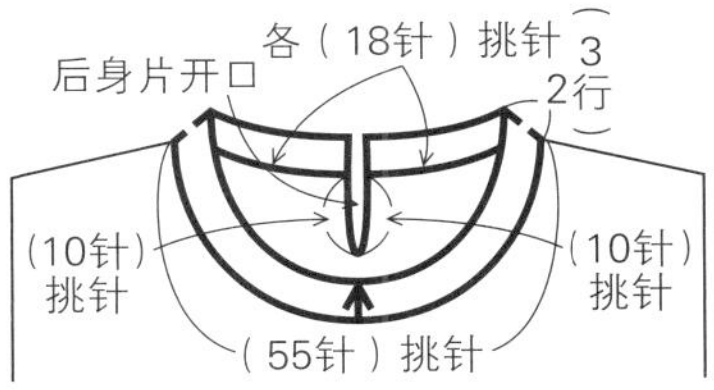

边缘编织B和后身片开口

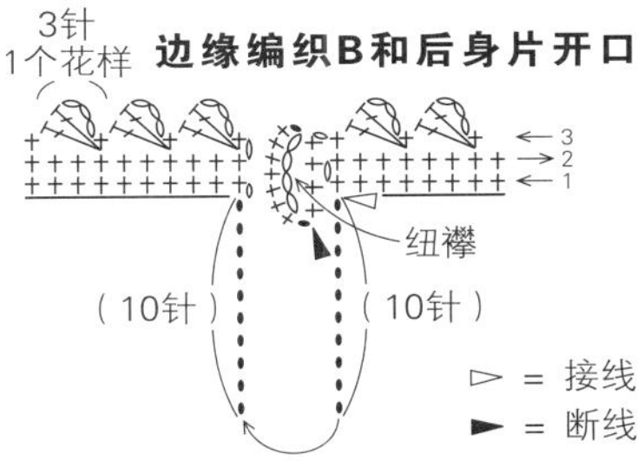

编织花样

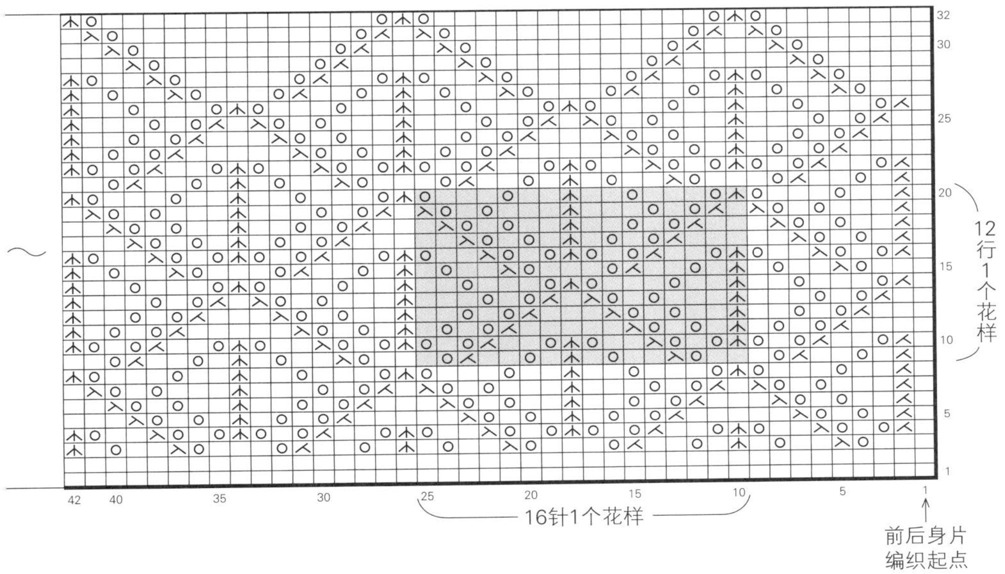

卷针加针

左侧

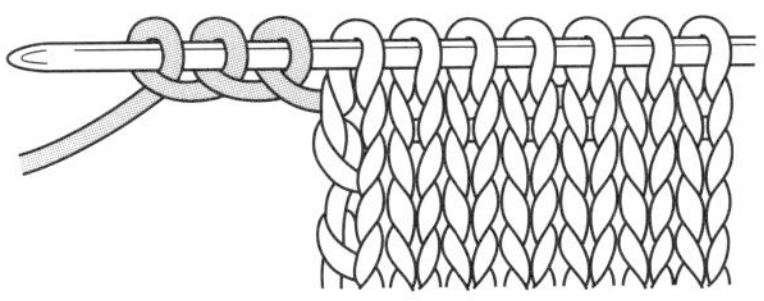

右侧

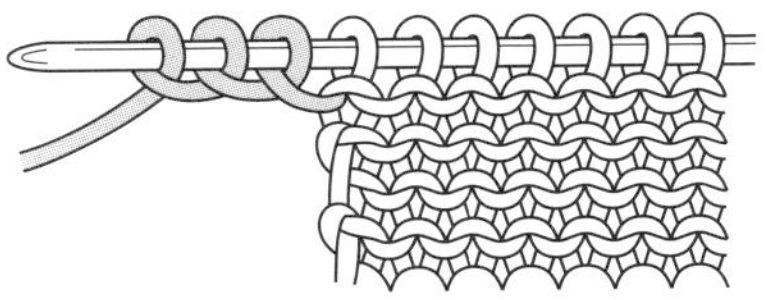

✳ 11

第 15 页

●**材料**　SKI Neige（粗）蓝粉色系（2134）210g/7团、深紫色系（2137）150g/5团
●**工具**　钩针 7/0号、6/0号
●**成品尺寸**　衣长53cm，连肩袖长58.5cm
●**花片大小**　18cm×15.5cm
●**编织要点**　花片的中心环形起针，立织 1 针锁针，重复 3 次“1针短针、3针锁针、2针长针的枣形针、3针锁针”。之后，第 2 行按照图示编织，从第 3 行换线继续编织三角形。编织配色不同的花片 A、B，同时将 9 片花片连接到一起，形成大的三角形。在每个大三角形的周围，用蓝粉色系线做边缘编织 A。参照图示，分别将 3 片大三角形连接到一起形成前后身片，接缝肩部和肋部。下摆做边缘编织 B，领口和袖口环形做边缘编织 C。

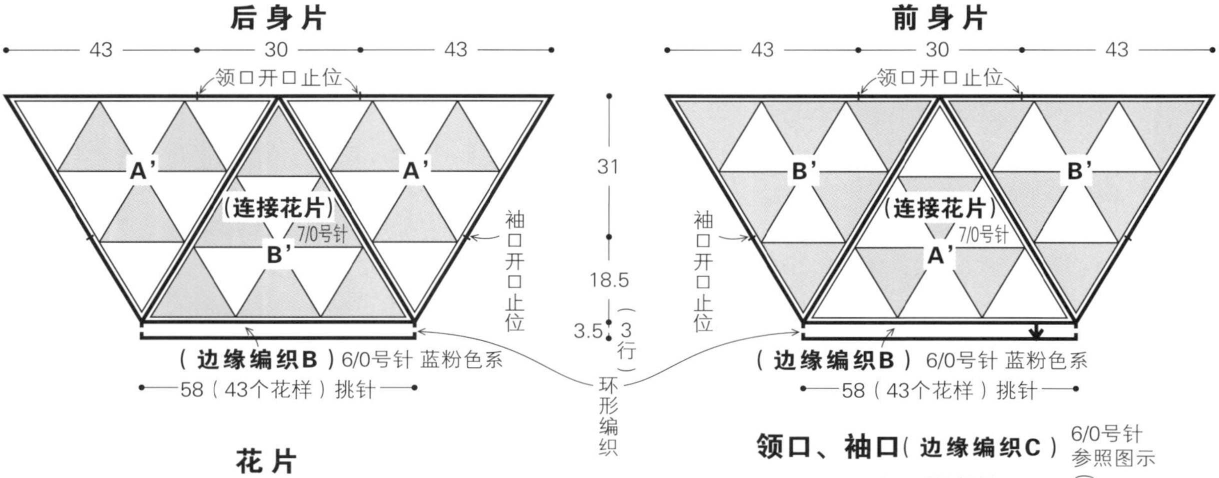

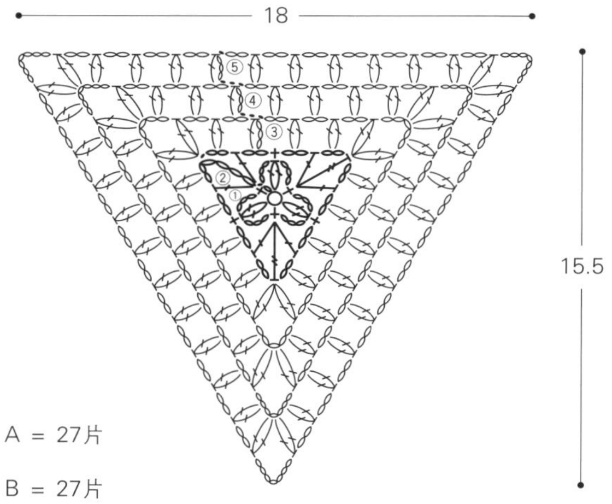

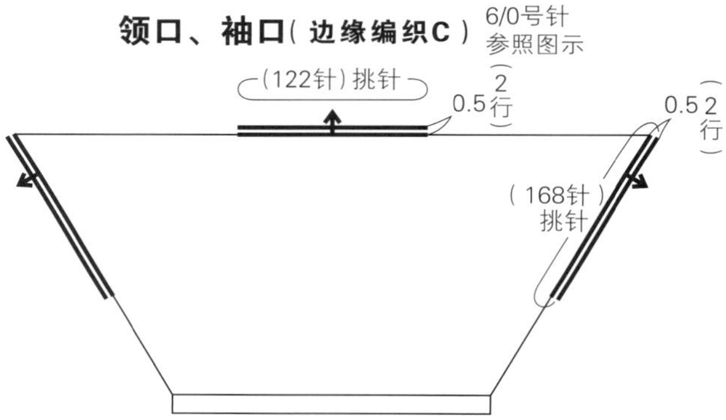

花片的配色

A	第1、2行	蓝粉色系
	第3、4、5行	深紫色系
B	第1、2行	深紫色系
	第3、4、5行	蓝粉色系

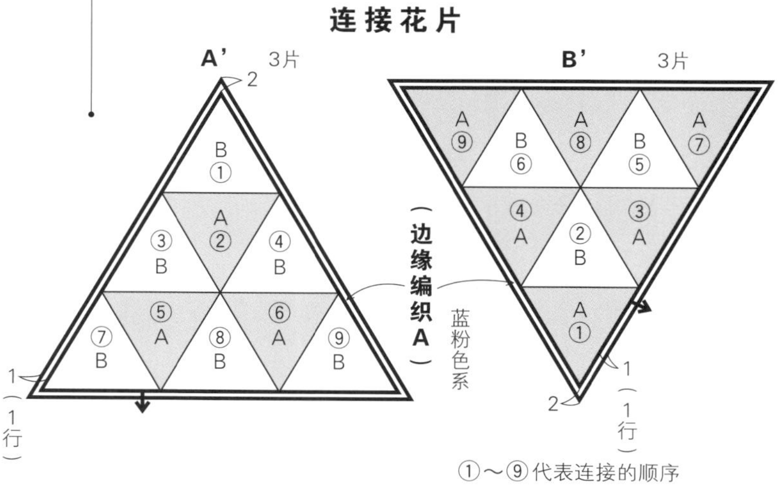

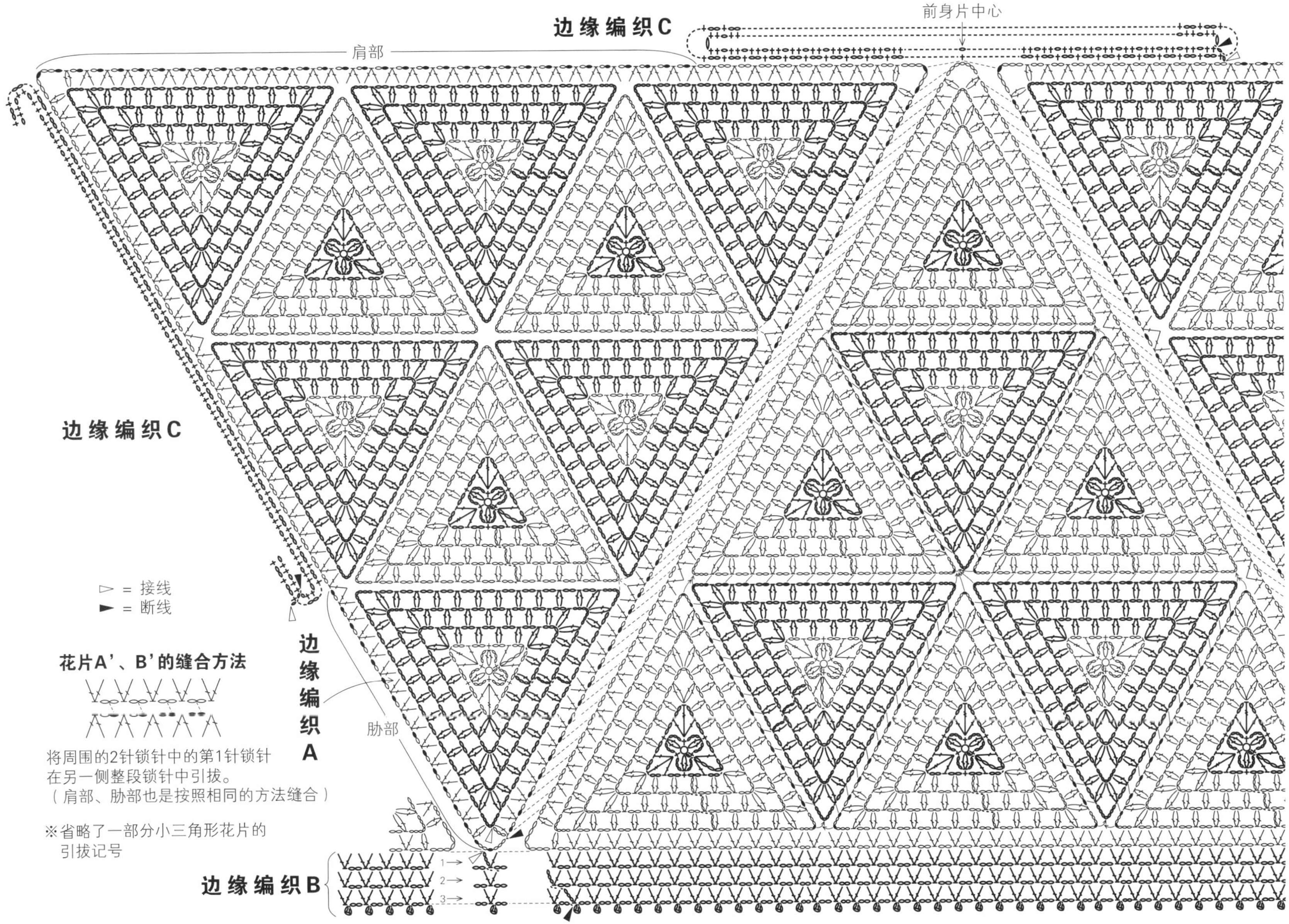
边缘编织C
前身片中心
肩部
边缘编织C
▷ = 接线
► = 断线
花片A'、B'的缝合方法
将周围的2针锁针中的第1针锁针
在另一侧整段锁针中引拔。
（肩部、胁部也是按照相同的方法缝合）
※省略了一部分小三角形花片的
引拔记号
边缘编织A
胁部
边缘编织B
1→
2→
3→

✻13

第 18 页

●**材料**　SKI Clement(粗)淡紫色、淡蓝色系(2305)200g/7团

●**工具**　棒针 8 号、5 号

●**成品尺寸**　胸围 97cm，衣长 56cm，连肩袖长 32cm

●**编织密度**　10cm×10cm面积内: 下针编织 20针，27行; 编织花样　1个花样 11.5cm×10cm　27行

●**编织要点**　后身片手指挂线起针，编织单罗纹针，在花样切换位置均匀减针后，做下针编织。袖子的加针在边上 2 针的内侧渡线做扭针加针。肩部做引返编织，领窝编织伏针，立起侧边针目减针。前身片的编织方法和后身片相同，从花样切换位置开始做下针编织和编织花样。领窝在中心休 1 针，编织花样和下针编织交界处的针目立起减针。肩部如图所示，在左右两处减针。前后肩部做盖针接合，因为前身片多出 10 针，所以在与后身片对齐时，要将多出来的针目平均地重叠到一起。领口环形编织单罗纹针，V 领尖的位置，如图所示立起中心的针目后减针，结束时做下针织下针、上针织上针的伏针收针。胁部做挑针缝合，袖口编织单罗纹针。

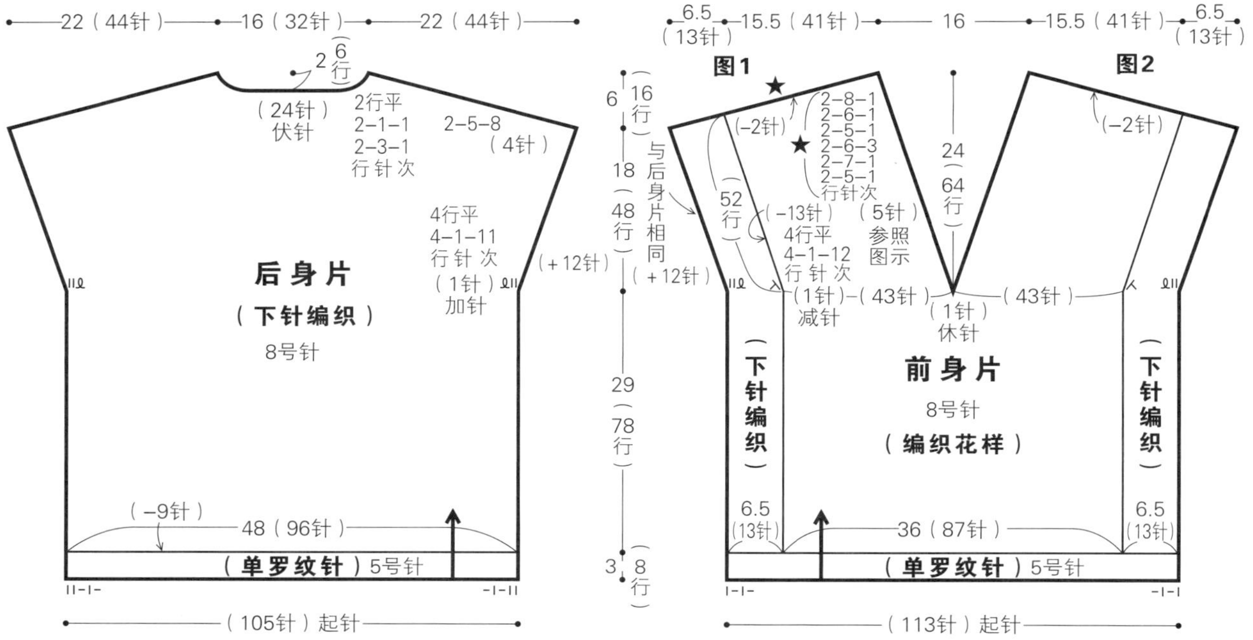

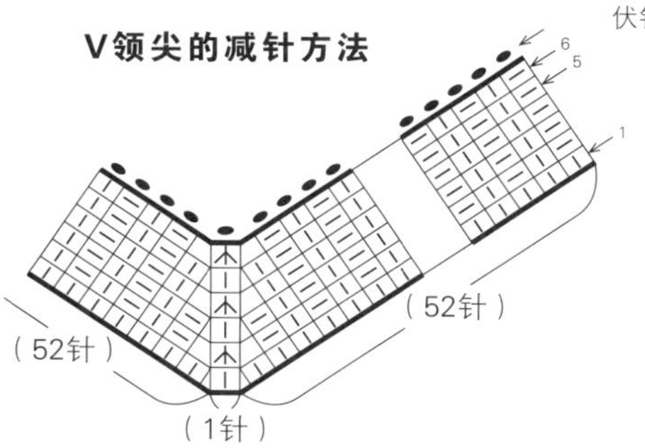

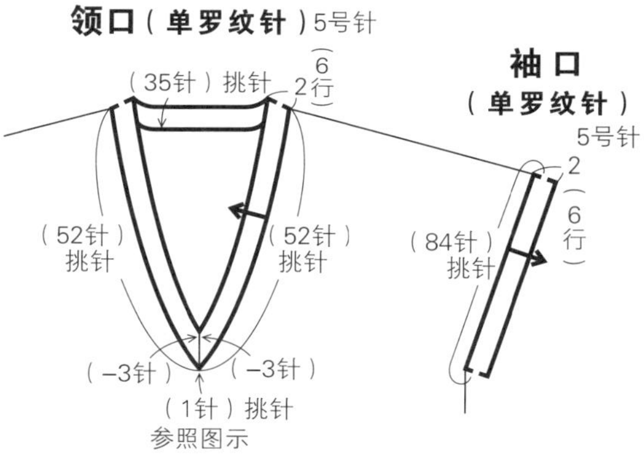

编织花样

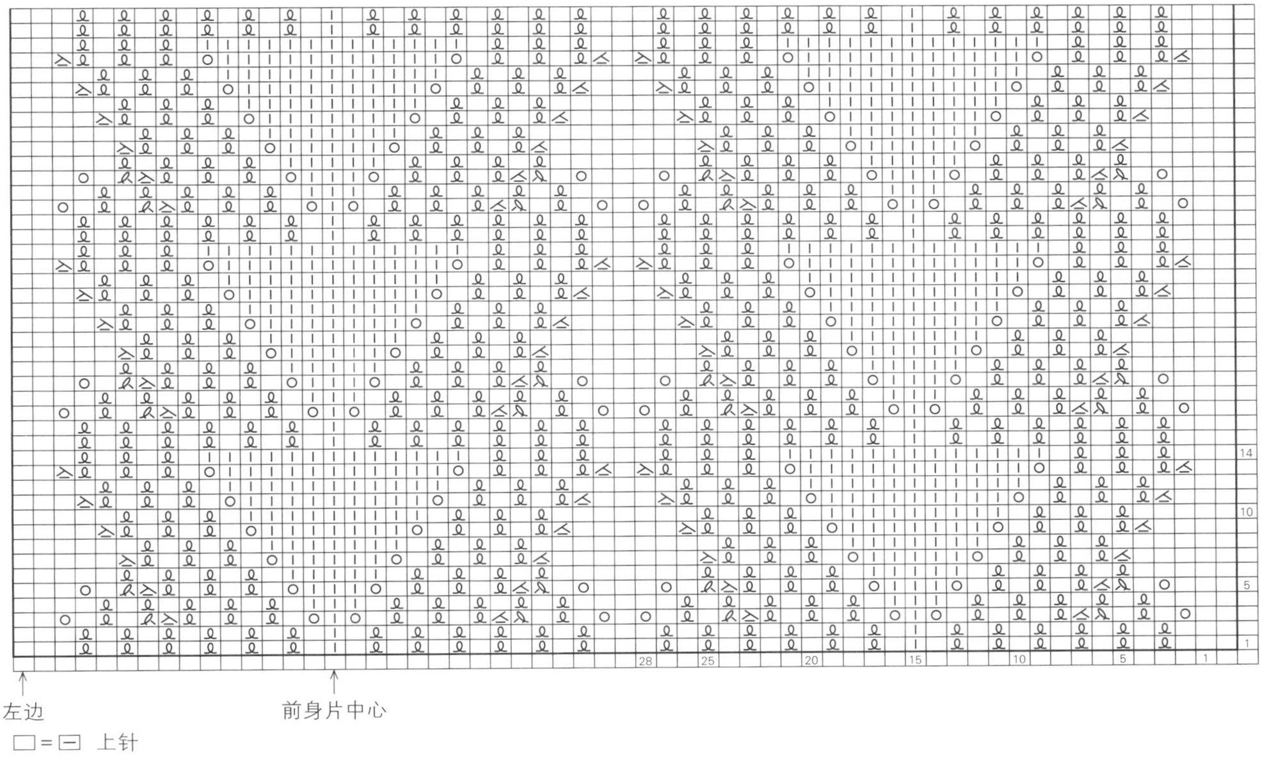

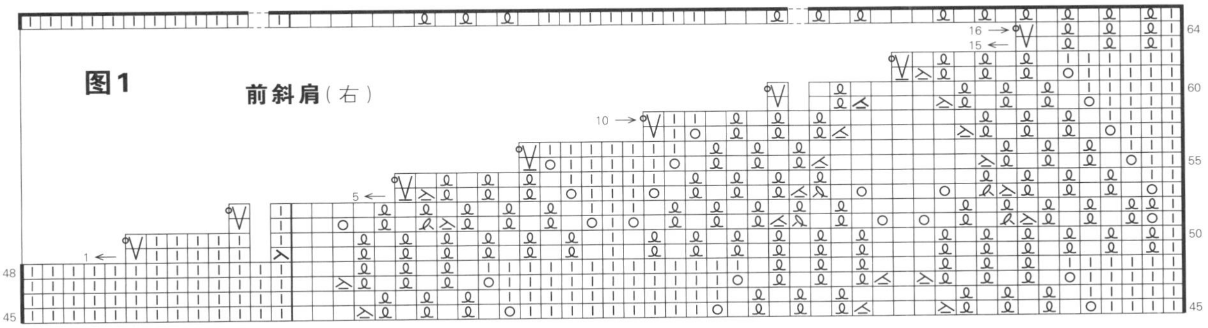

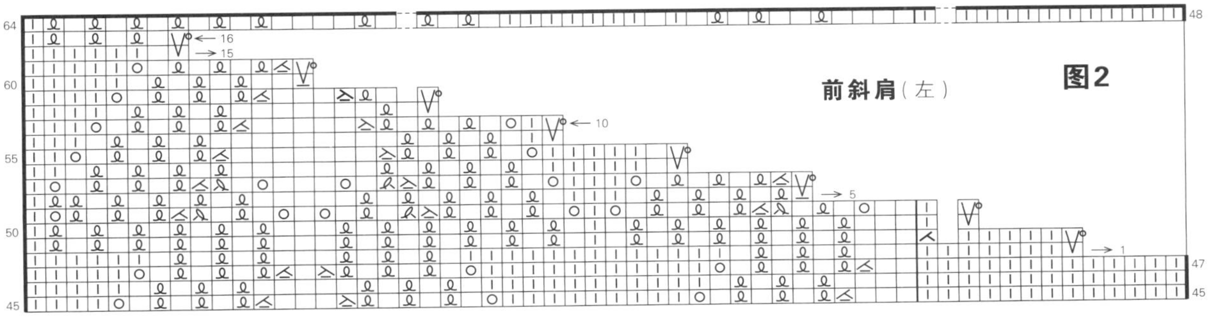

*
14
第 19 页

●**材料**　SKI Linea（粗）蓝色、紫红色系（34）275g/7团

●**工具**　棒针 8 号、5 号，钩针 5/0 号

●**成品尺寸**　胸围 94cm，肩宽 37cm，衣长 53.5cm

●**编织密度**　10cm×10cm面积内：编织花样24针，28行

●**编织要点**　前后身片手指挂线起针，用 5 号针编织单罗纹针，在最后一行换上身片用的 8 号针编织。身片做编织花样，前后袖窿的长度是不同的。袖窿和领窝减 2 针及以上时做伏针减针，减 1 针时立起侧边 1 针减针。前后肩部做盖针接合，胁部做挑针缝合。领口和袖窿环形编织单罗纹针，最后用 5/0 号针，参照图示收针。

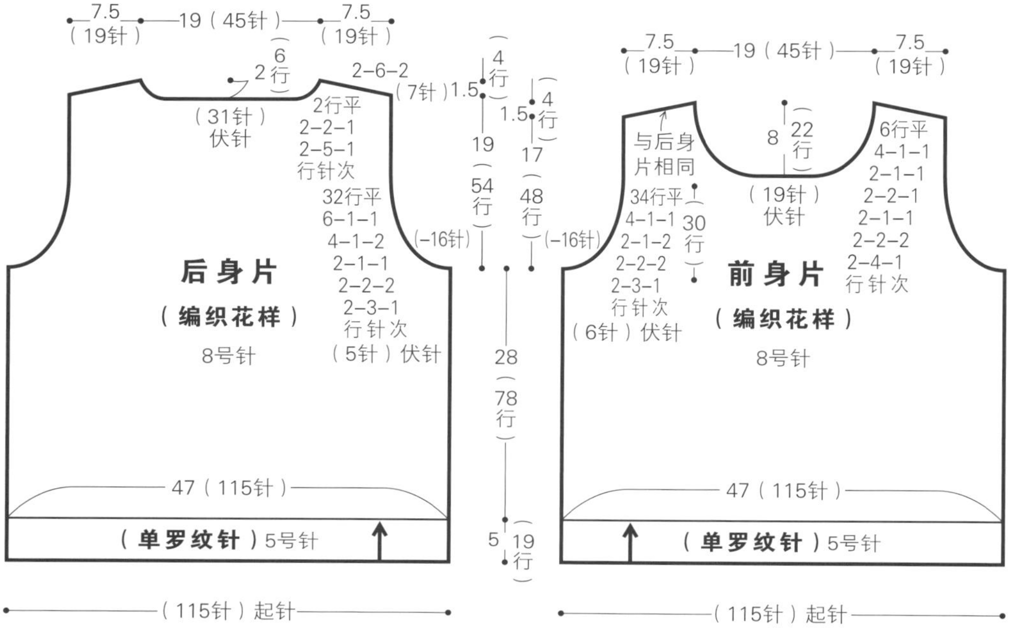

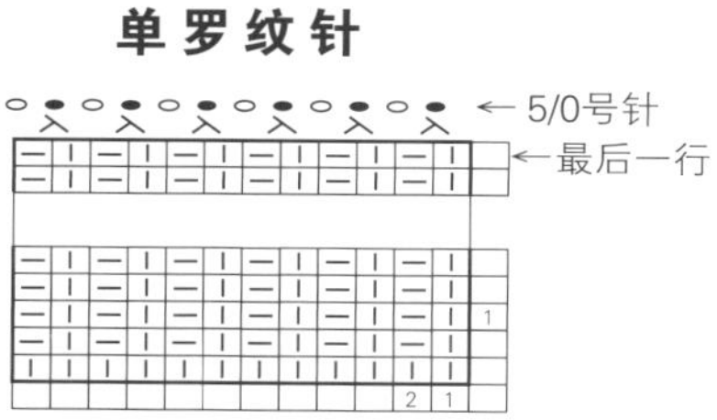

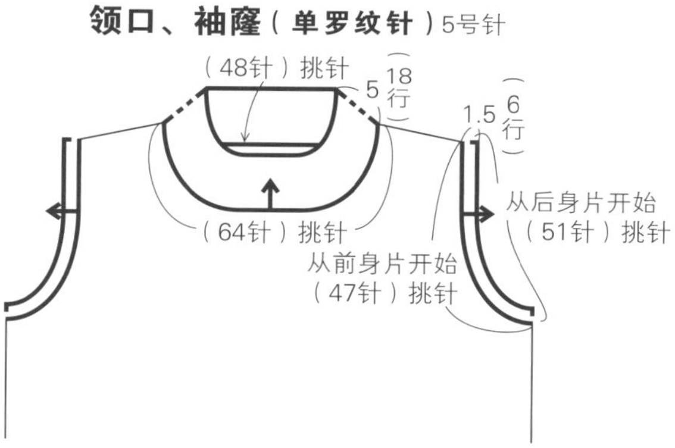

编织花样

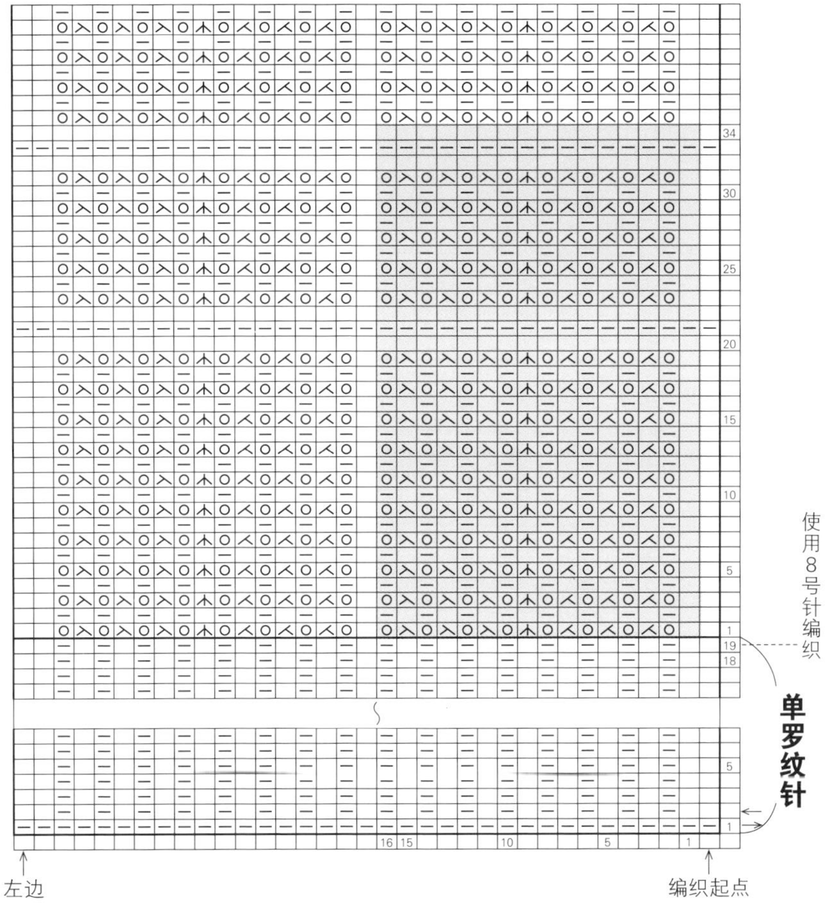

□=□ 下针

作品16接第74页

编织花样

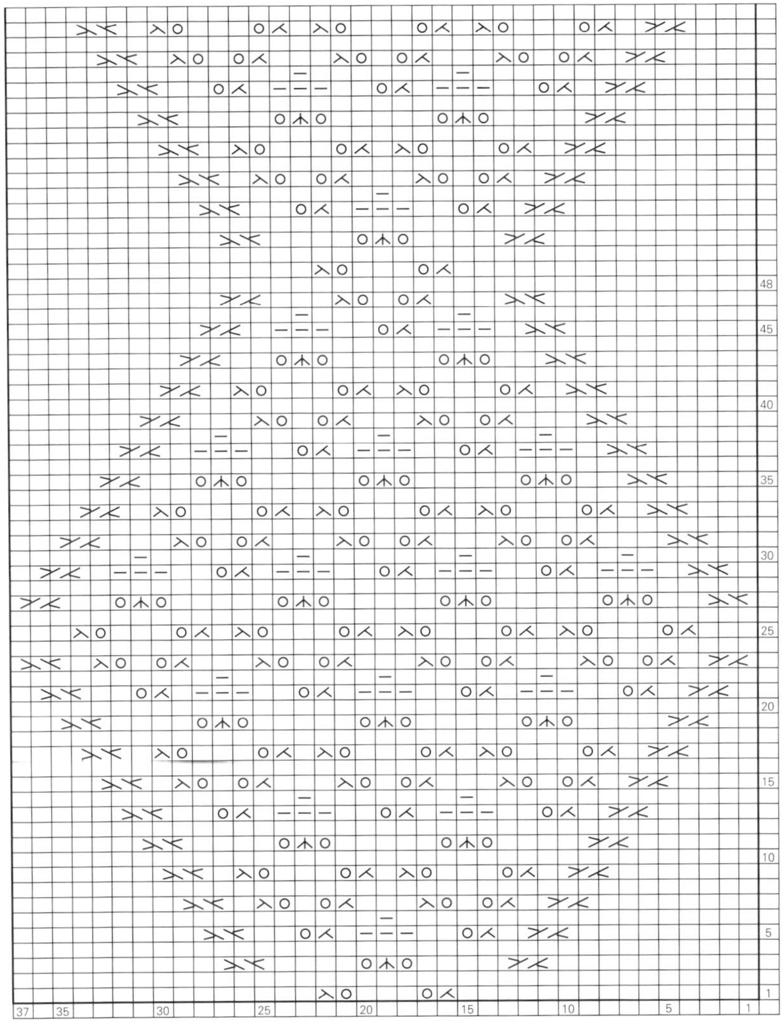

□=□ 下针

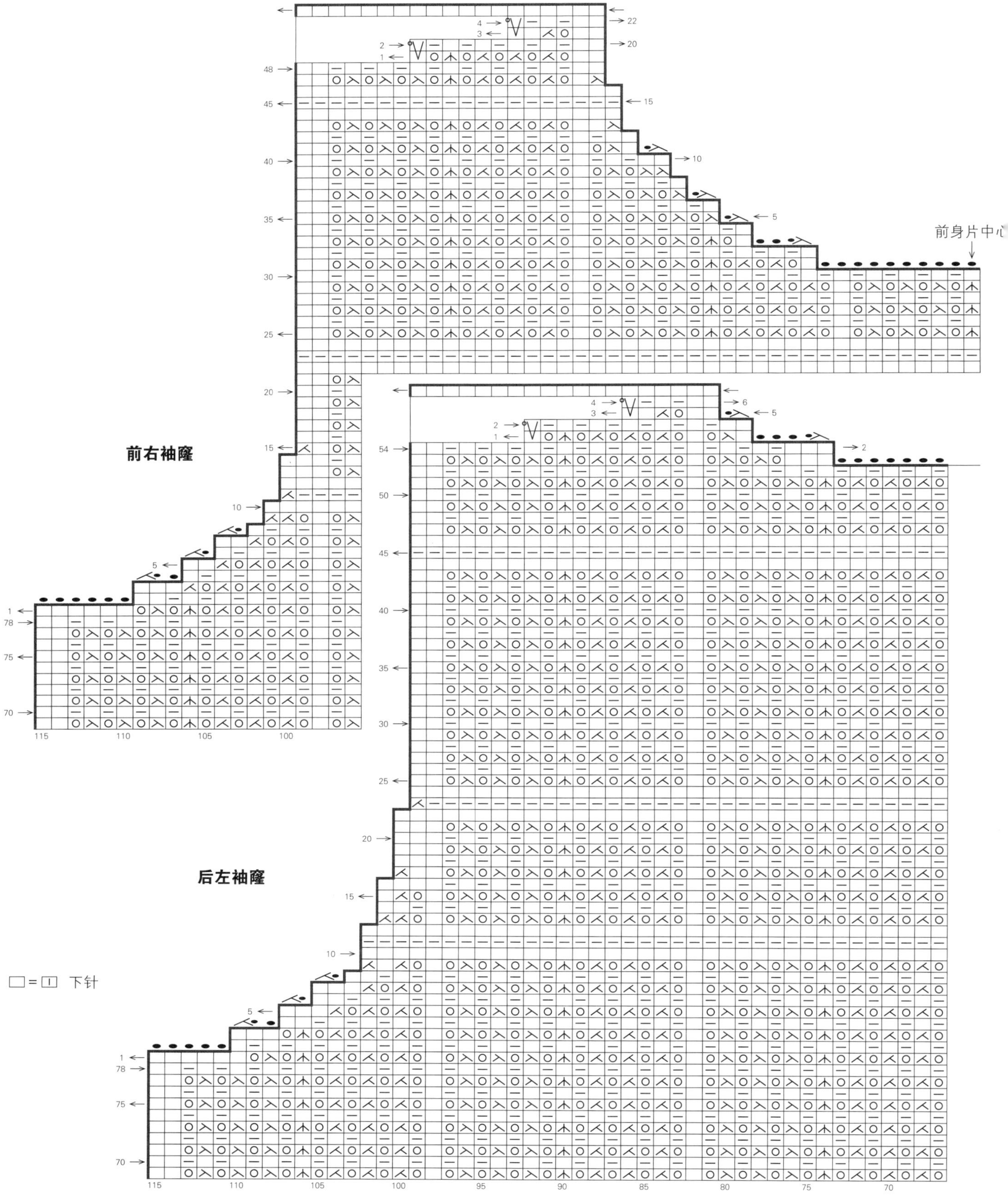

□=⊡ 下针

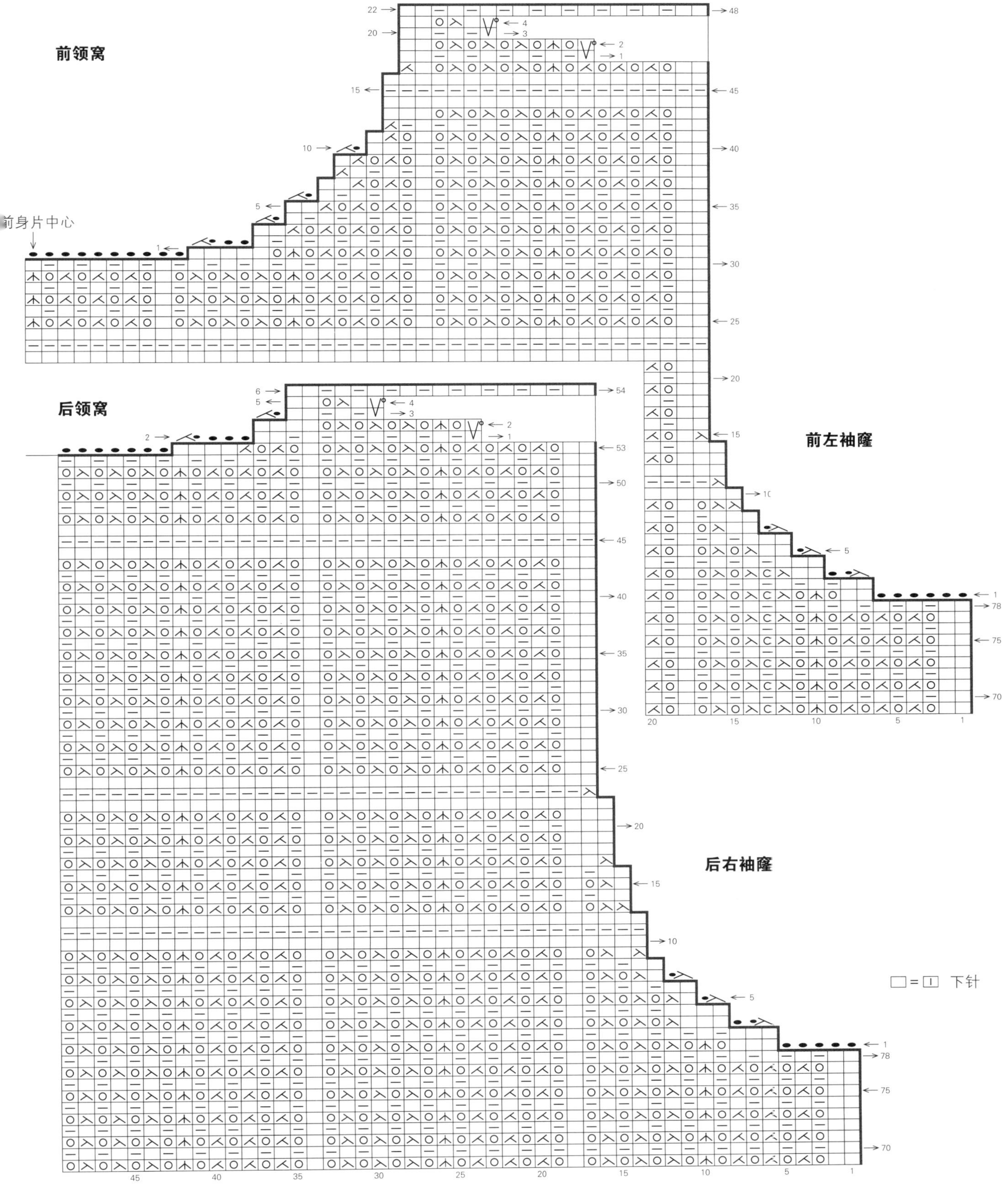

□=□ 下针

✻16

第21页

●**材料**　SKI Twin Merino(中粗)亮黄色(2816)390g/10团

●**工具**　棒针6号、5号

●**成品尺寸**　胸围94cm，肩宽36cm，衣长67.5cm

●**编织密度**　10cm×10cm面积内：下针编织、编织花样均为20.5针，28.5行

●**编织要点**　下摆手指挂线起针，编织起伏针，然后做下针编织和编织花样。胁部立起侧边2针减针，袖窿和领窝减2针及以上时做伏针减针，1针时立起侧边1针减针。前后肩部做盖针接合，胁部做挑针缝合。挑取领口环形编织起伏针，但是前身片的转角处要按照图示减针，最后做伏针收针。袖口处环形编织起伏针。

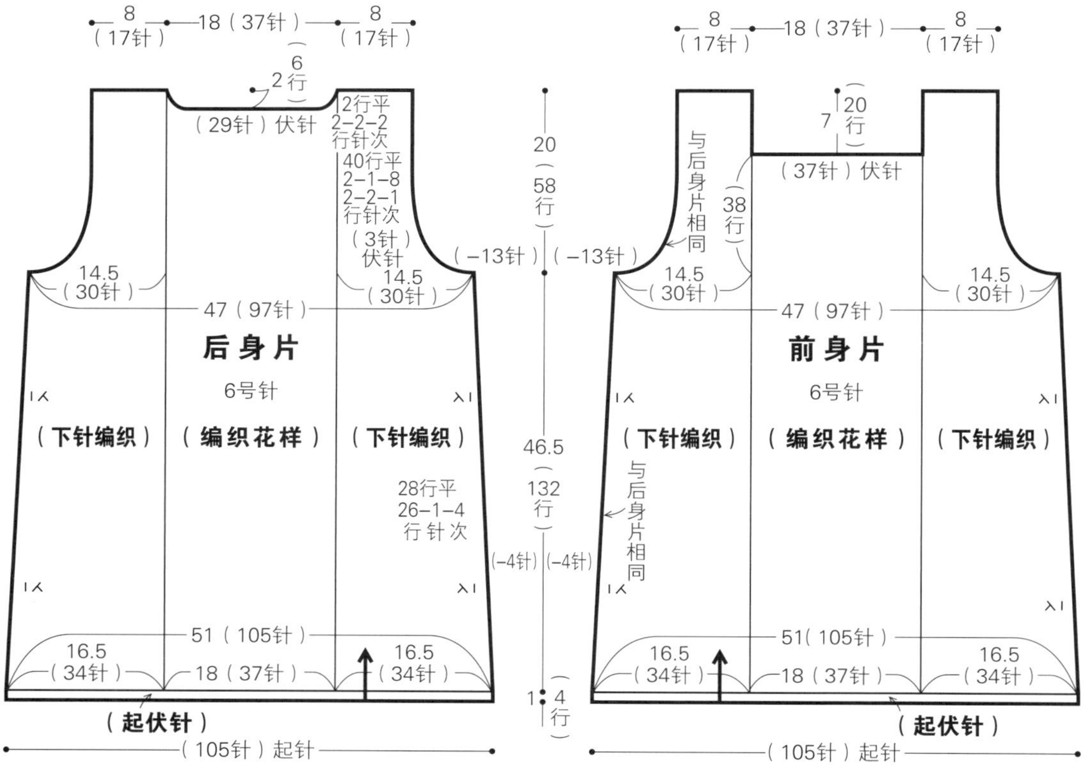

领口、袖口(起伏针)5号针

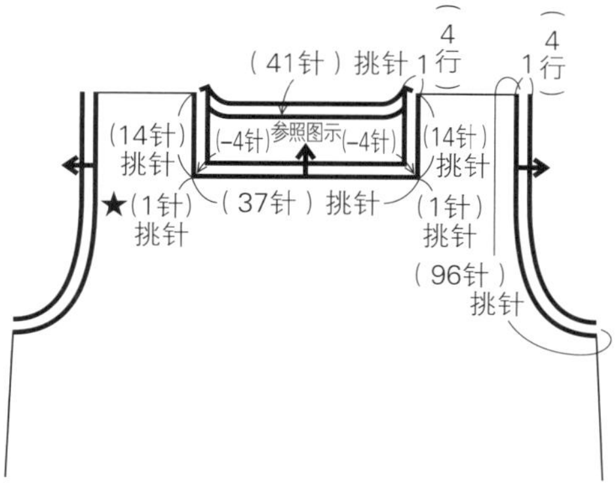

转角的减针

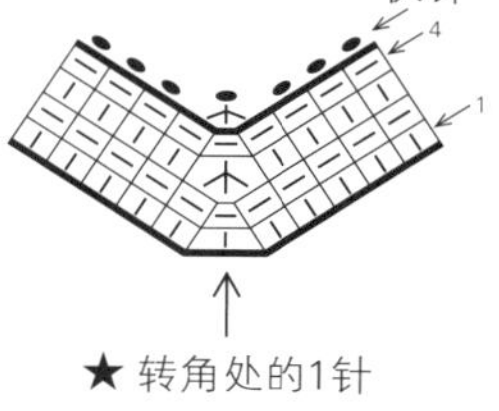

←编织花样接第71页

＊15

第20页

●**材料**　SKI Mooya（粗）绿色系（2905）200g/7团

●**工具**　棒针6号、5号

●**成品尺寸**　胸围96cm，肩宽44cm，衣长55.5cm

●**编织密度**　10cm×10cm面积内：编织花样A、B均为22针，31行

●**编织要点**　身片从下摆处手指挂线起针，编织双罗纹针。前后身片的长度不同。花样切换位置处减2针。后身片做编织花样B、B’和C，前身片做编织花样B、B’和A，如图所示编织。袖窿和领窝的减针，2针及以上时做伏针减针，1针时立起侧边1针减针。肩部做引返编织。前后肩部正面相对对齐做引拔接合，胁部做挑针缝合至开衩止位处，缝合的时候注意不要让织片偏移。领口在身片上挑针做编织花样C，使其和身片的拉针花样连接到一起。左右两侧肩部按照图示减针，结束时做下针织下针、上针织上针的伏针收针。最后用蒸汽熨斗调整形状。

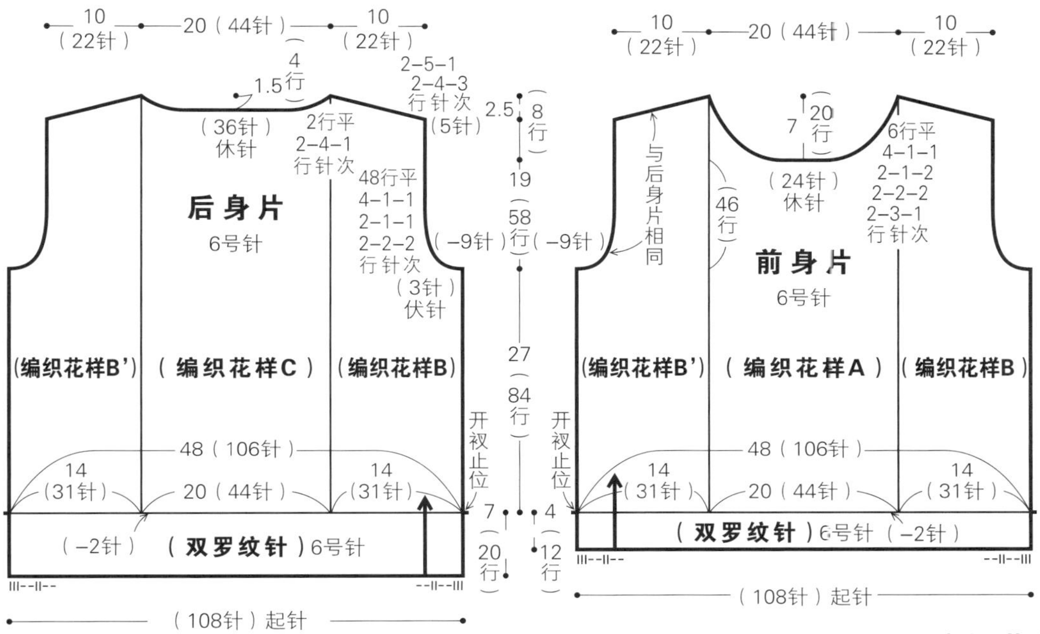

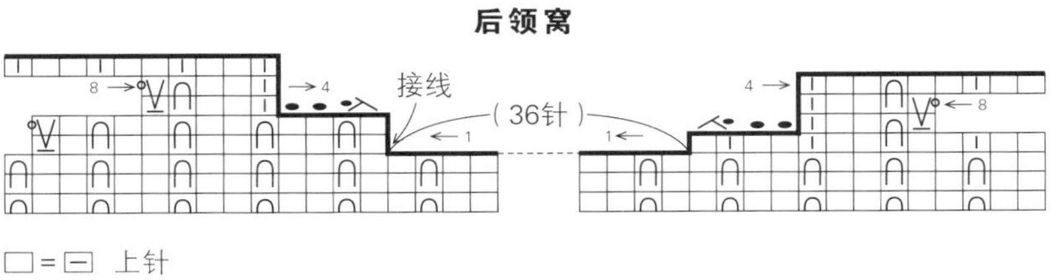

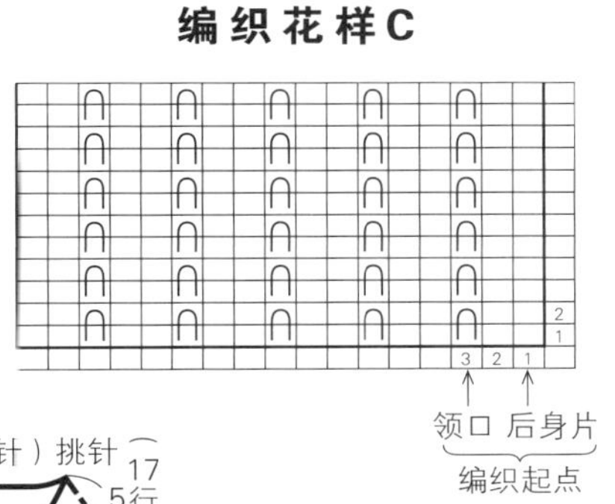

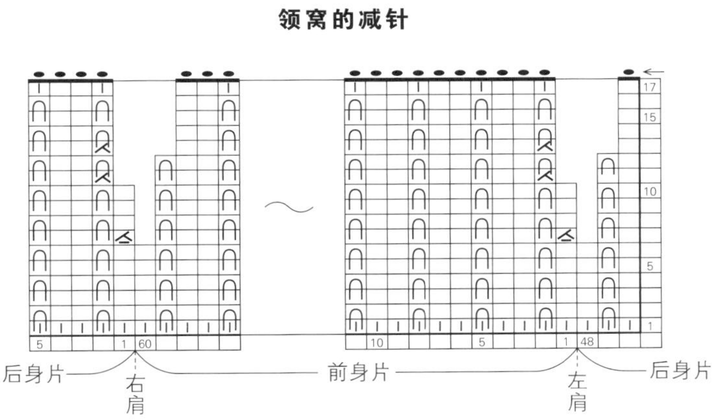

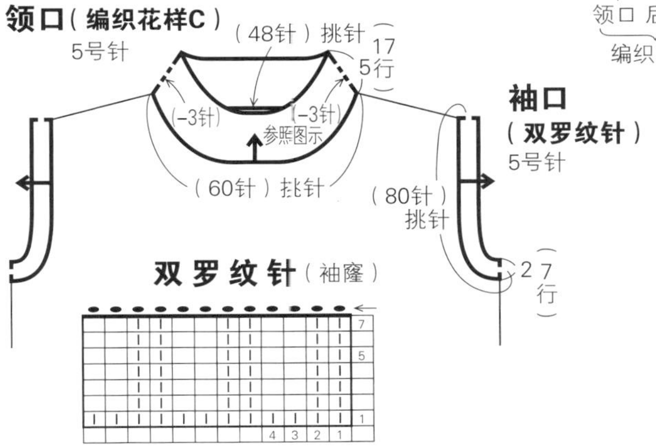

反拉针

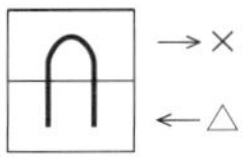

①

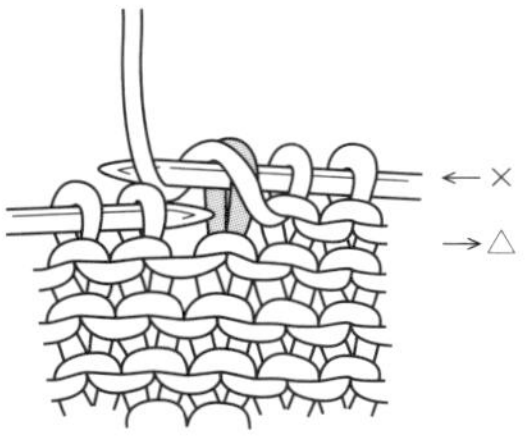

正面的行是编织下针，反面的行不用编织，直接将线挂到针上。

②

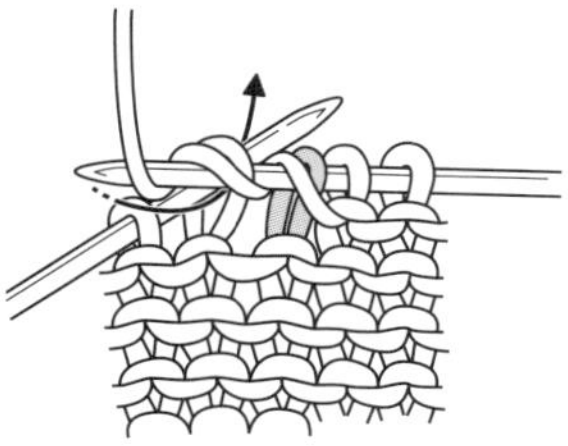

编织下一针。

③

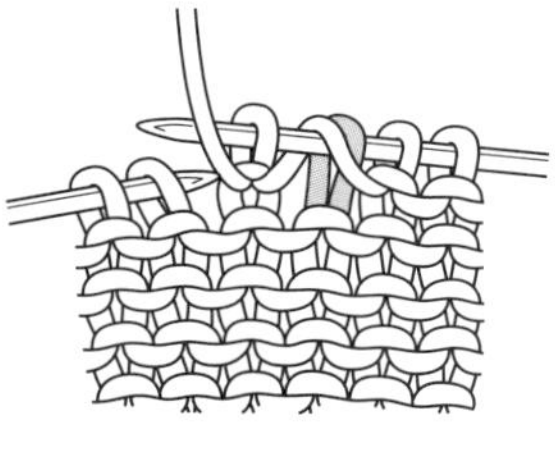

反拉针完成。

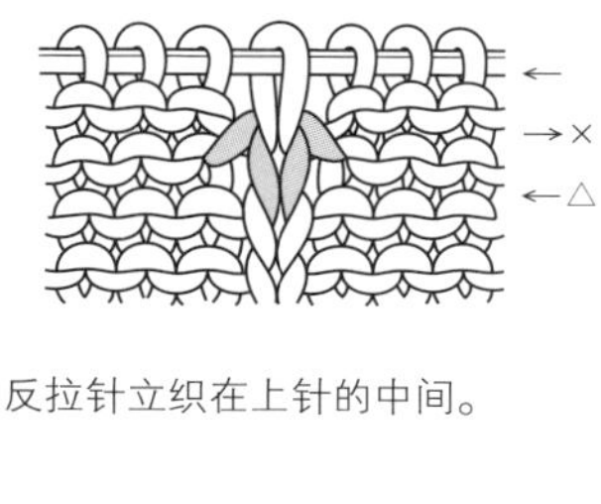

作品的反拉针立织在上针的中间。

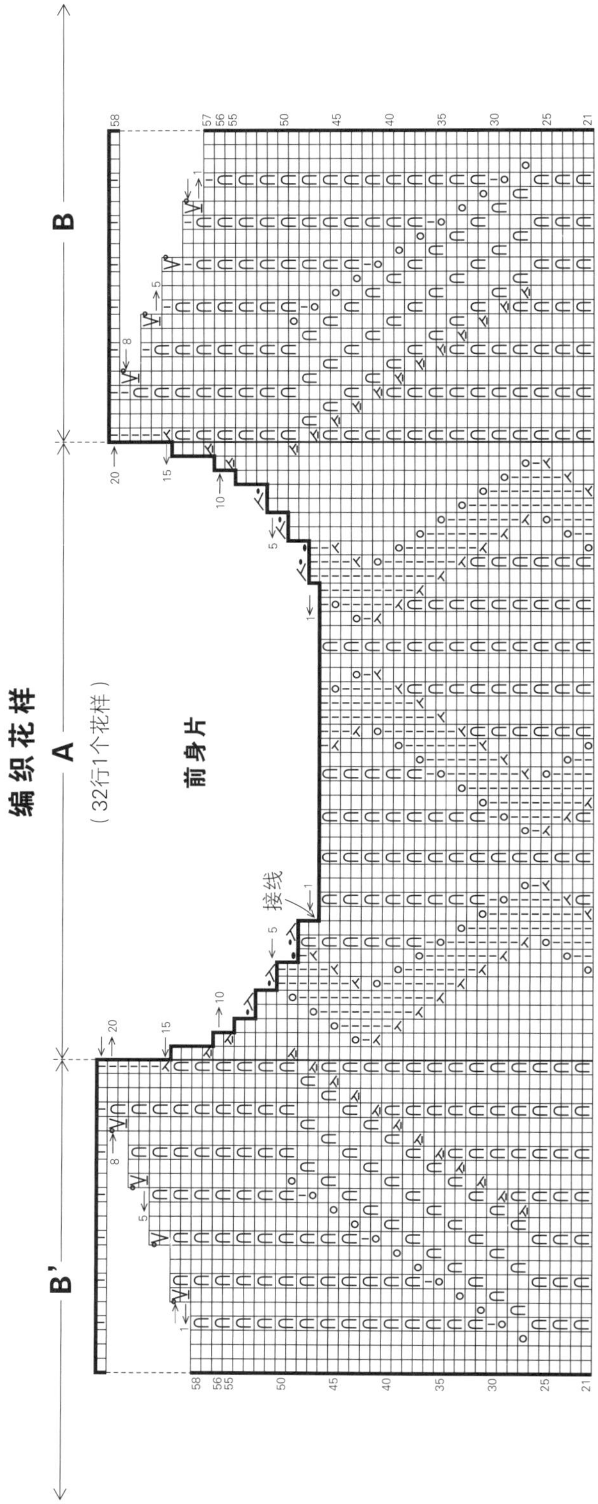

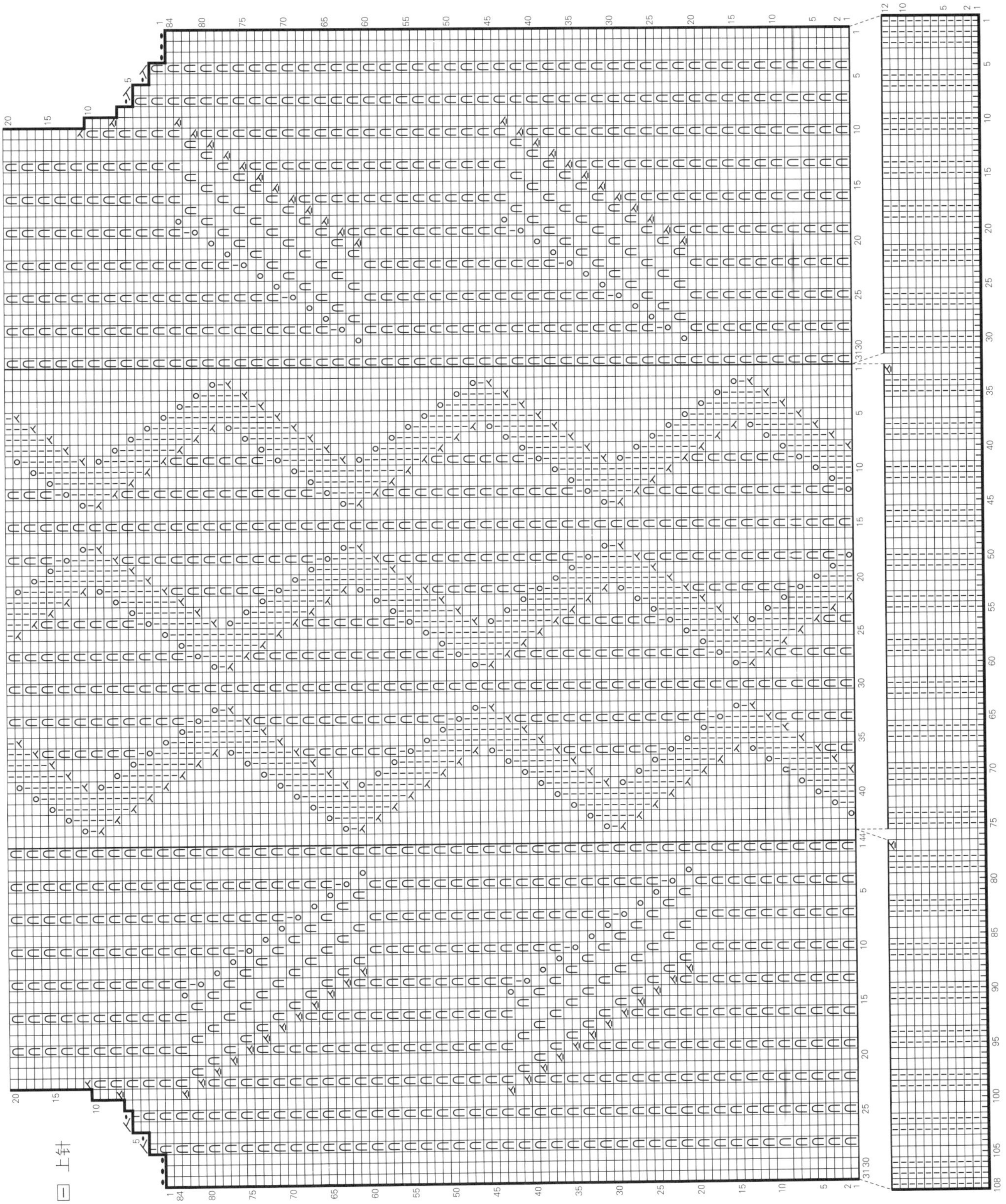

□ = ⊟ 上针

*18

第23页

●**材料**　SKI Mago(粗)绿色系(2036)240g/8团

●**工具**　棒针8号

●**成品尺寸**　胸围104cm，肩宽39cm，衣长53.5cm

●**编织密度**　10cm×10cm面积内：编织花样20.5cm，36行

●**编织要点**　后身片手指挂线起针，做编织花样。袖窿处的边端10针编织单罗纹针，然后在其内侧立起针目减针。前身片手指挂线起27针，然后按照图示做扭针加针、卷针加针和立起侧边的针目减针，做编织花样。在下部中间的71针休针，两侧编织的同时减针，最后的2针做伏针收针。上部分别从左右两边挑针，和中间的休针一起做编织花样，袖窿按照后身片的方法编织。肩部做盖针接合，胁部做针与行的接合。下摆如图所示，环形挑针后编织单罗纹针，最后做伏针收针。领口从身片的编织花样连续挑针，后身片在两侧减针，然后做编织花样，最后做伏针收针。

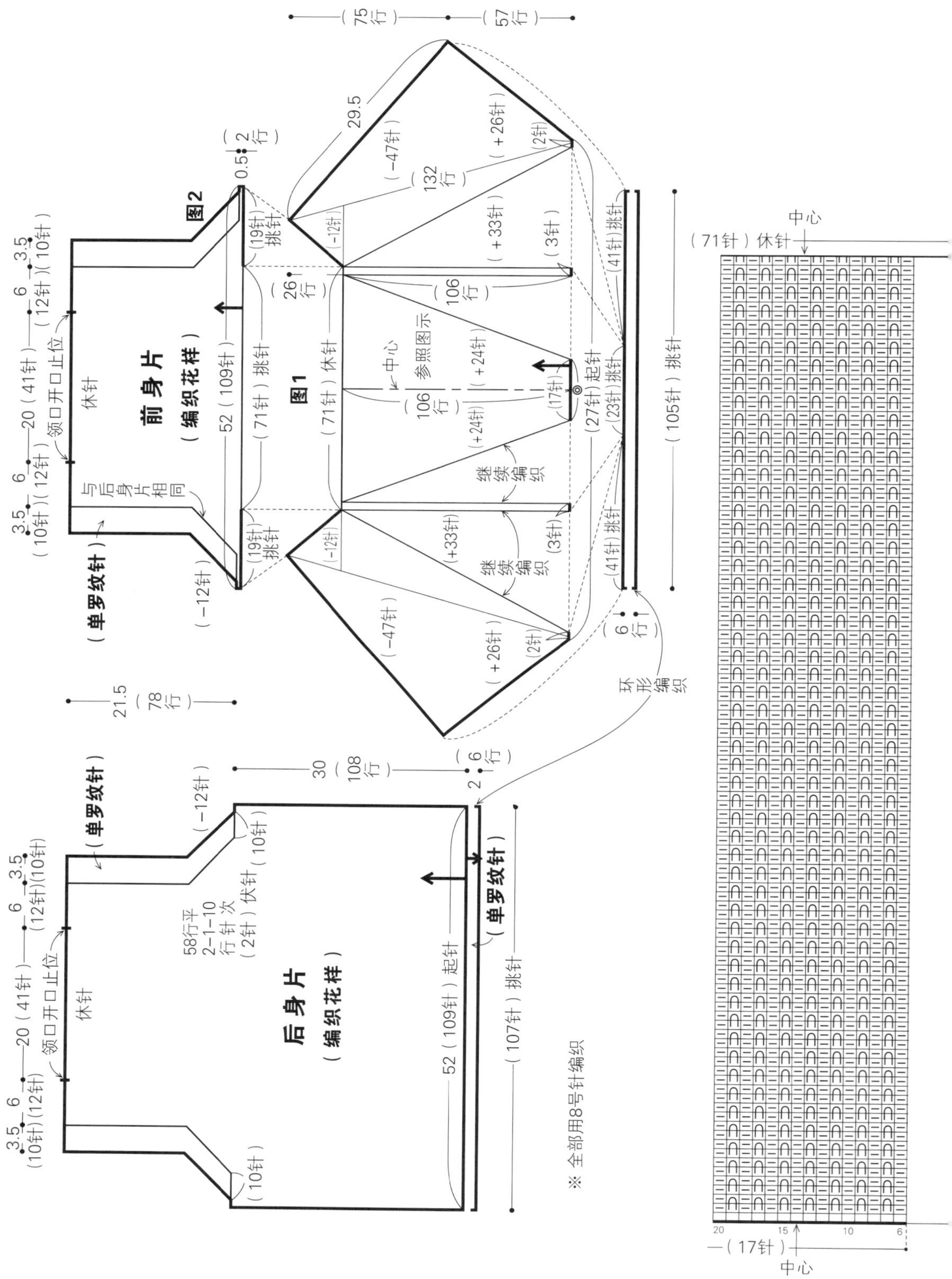

领口（编织花样）

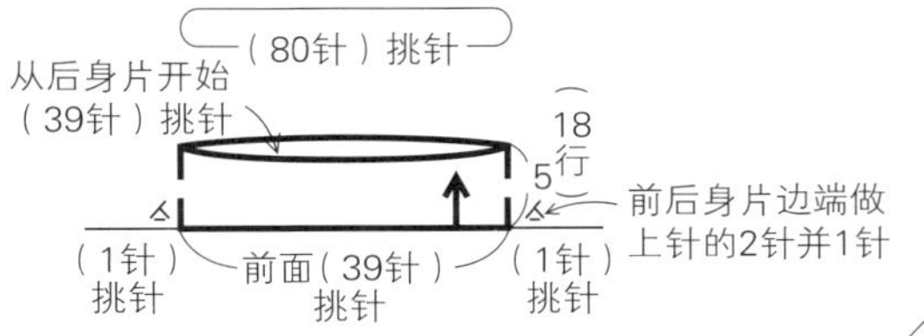

编织花样

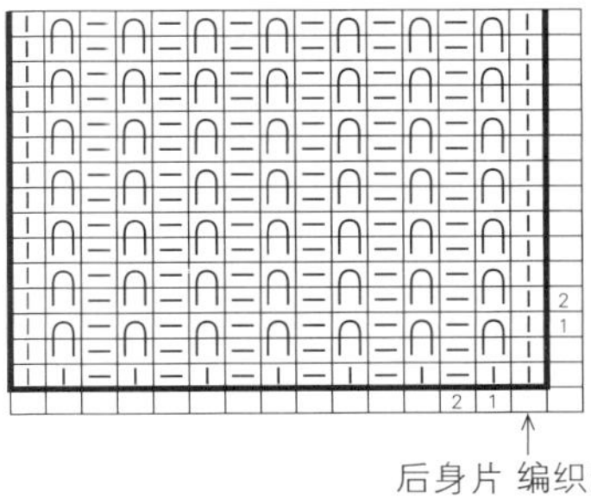

图1　　前身片

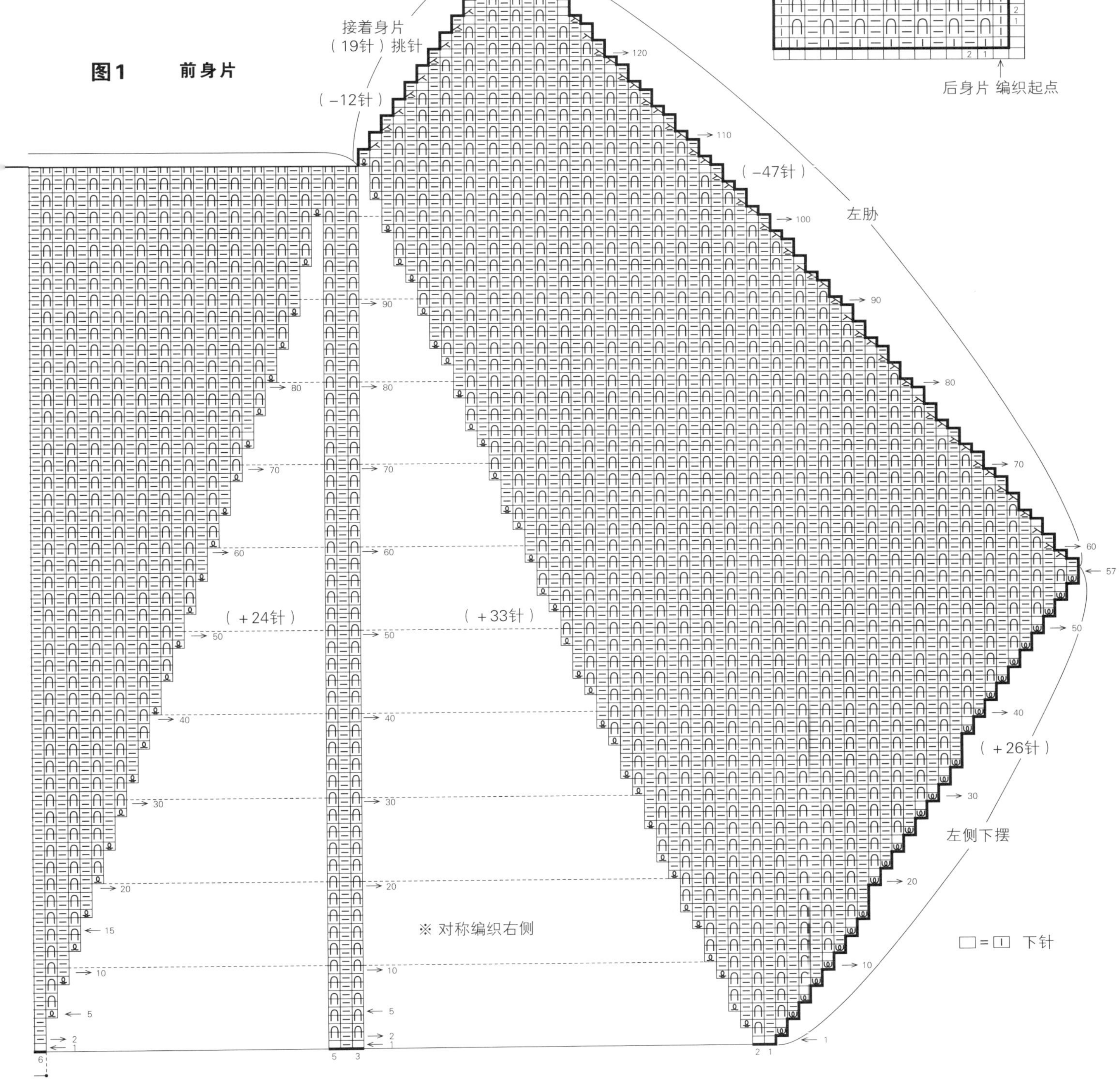

□＝□　下针

图2　袖窿的减针

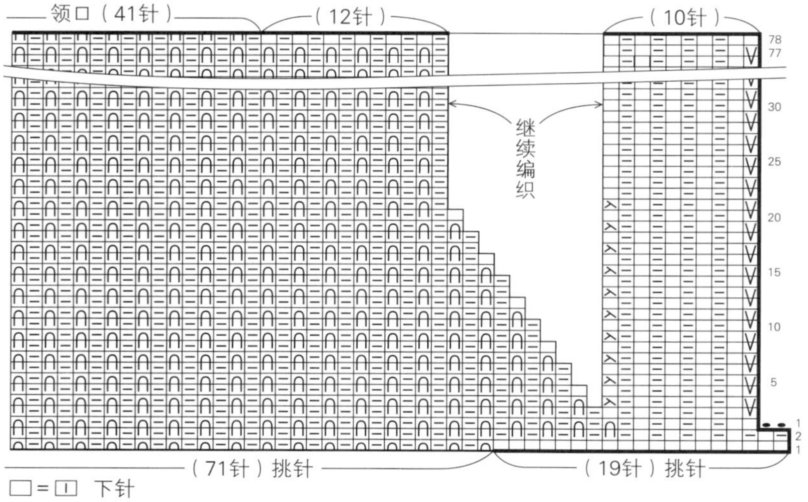

□=□ 下针

编织花样的编织方法

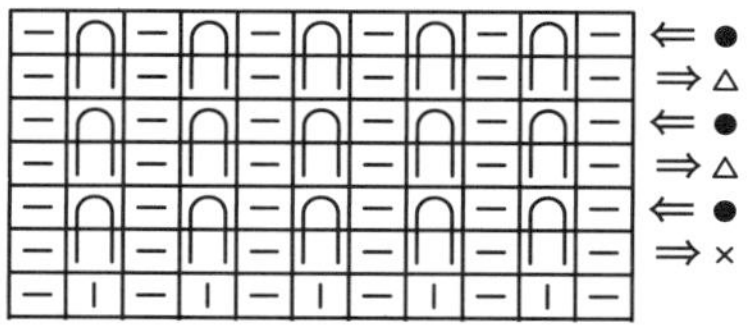

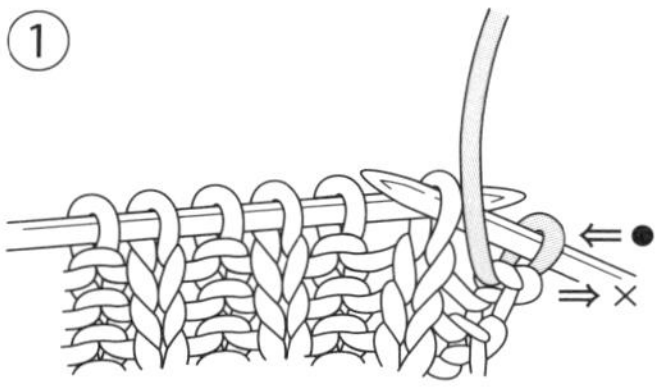

下针挂线，不编织，直接移到右棒针上。

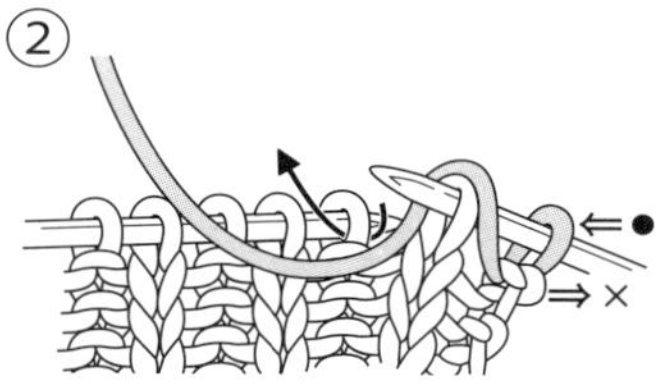

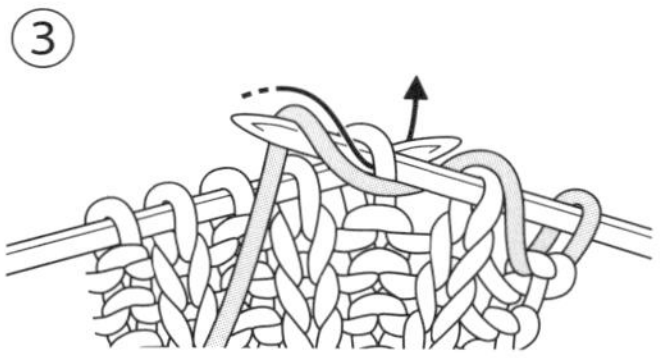

正常编织上针。

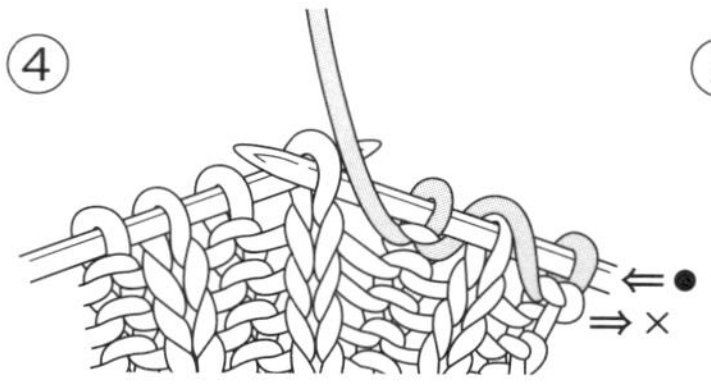

编织上针时，挂针会保持不动。
重复步骤②和③。

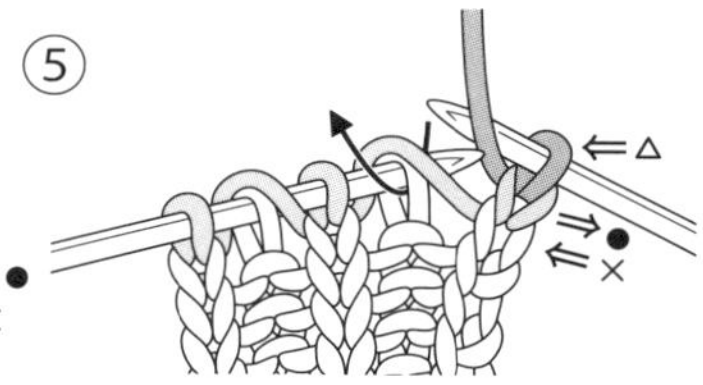

在反面的编织行上，上针和
前一行所挂的线一起编织。

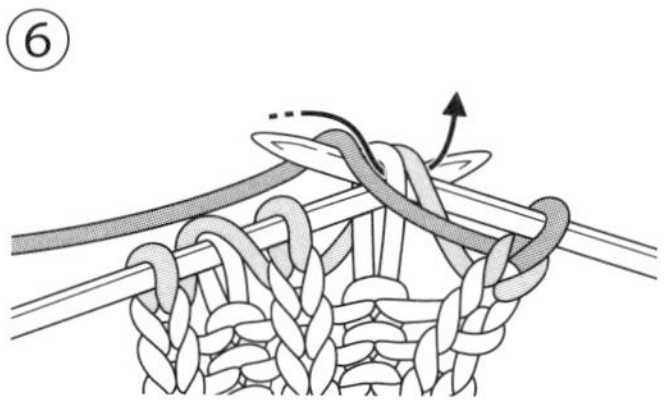

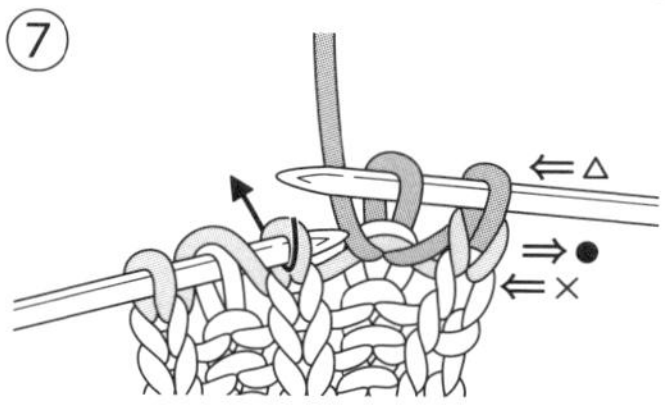

奇数行是按照从①到④的方法，挂线编织下针；
偶数行是按照从⑤到⑦的方法，2根线一起编织上针。

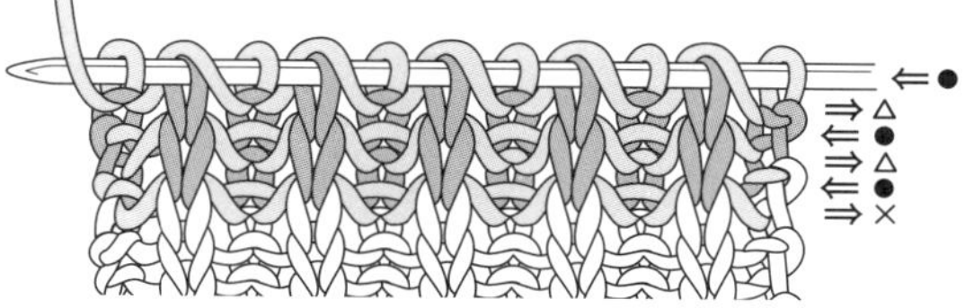

也可以叫作下针侧拉针英式罗纹针。

17

第 22 页

●**材料**　SKI Lyra（粗）深灰色（2709）175g/6团

●**工具**　钩针 7/0号

●**成品尺寸**　胸围 102cm，衣长 55cm，连肩袖长 36cm

●**编织密度**　编织花样B 1个花样5.1cm×10cm，9.5行

●**编织要点**　从领口开始向下摆方向编织。锁针环形起针，在锁针的里山挑针，育克如图所示，按照编织花样 A 加针环形编织。编织 20 行后，在袖子处休针，在左右两侧袖下连接处编织 15 针锁针；从育克和连接处挑针做编织花样 B。编织好 25 行后，做边缘编织 A，这样下摆就会很自然地呈现出褶边。领口编织短针的 2 针并 1 针和 3 针锁针的边缘编织 B，袖口从育克休针位置和连接处挑针，编织网眼针。

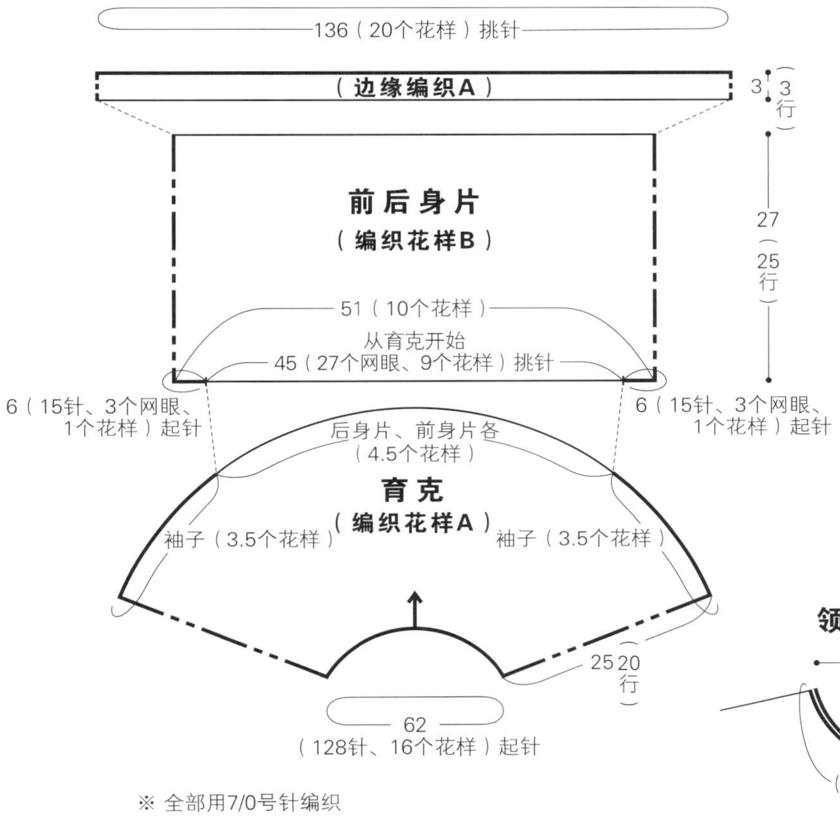

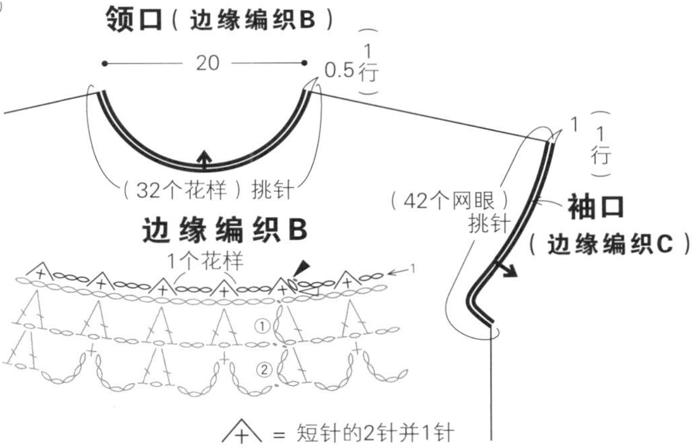

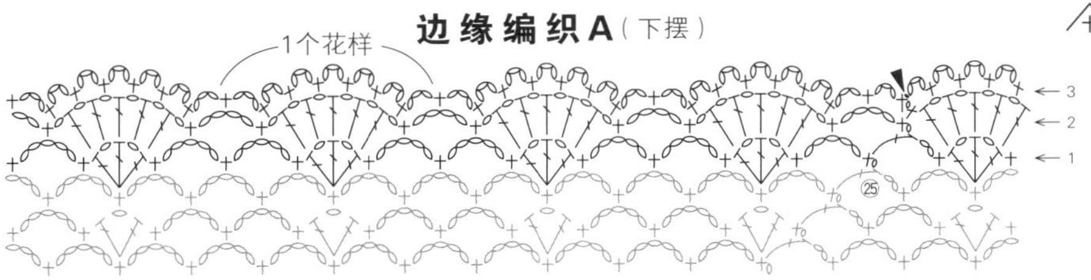

边缘编织C（袖口）

▷ = 接线
▶ = 断线

育克

（编织花样A）

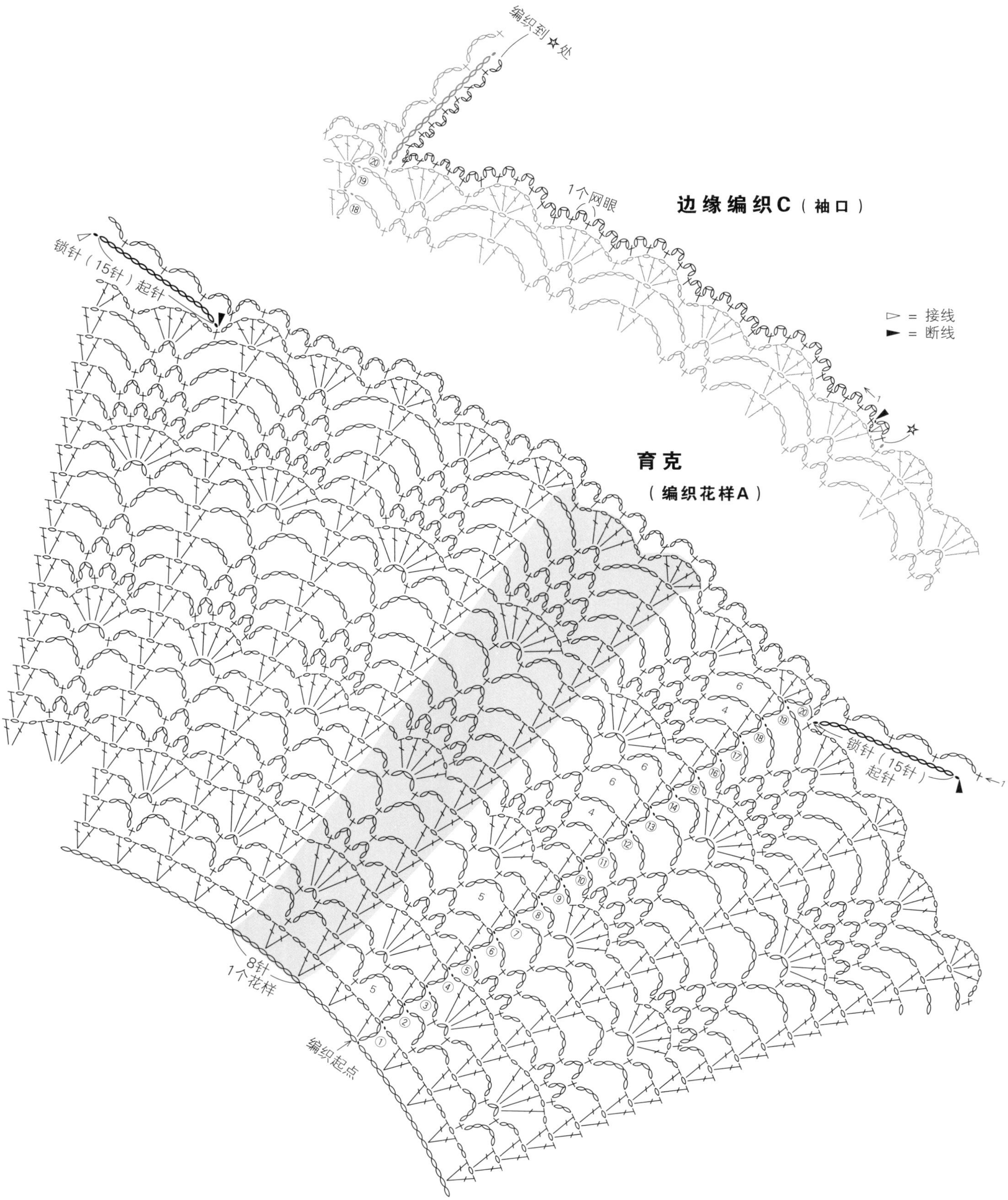

编织花样B

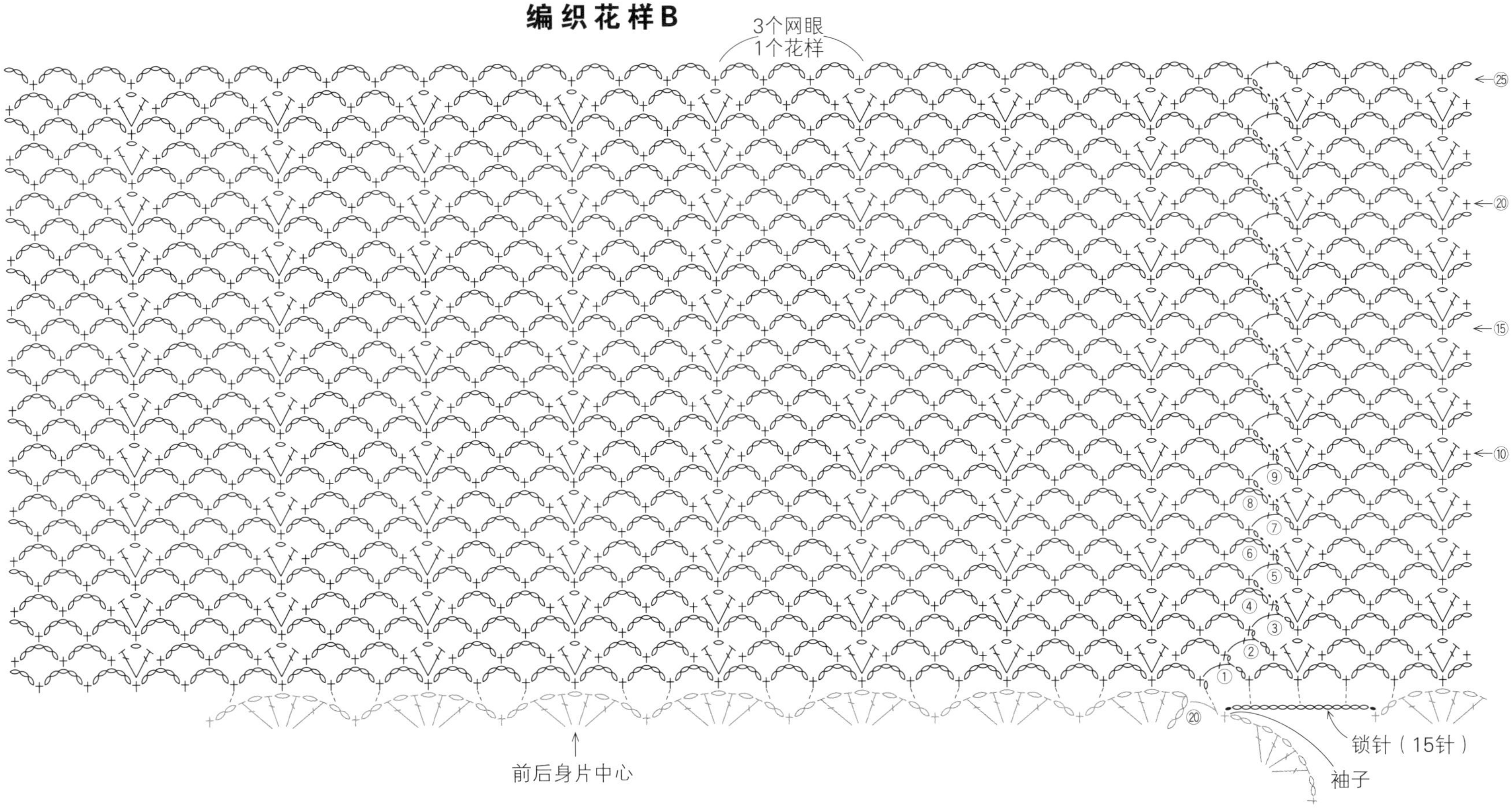

19

第 25 页

●**材料** SKI Effect（粗）红色、绿色段染（215）285g/10团

●**工具** 棒针 5 号、4 号，钩针 5/0 号

●**成品尺寸** 胸围 92cm，肩宽 36cm，衣长 63cm，袖长 40cm

●**编织密度** 10cm×10cm面积内：下针编织 22针，28行；编织花样A 27针，30.5行；桂花针 21针，30行

●**编织要点** 育克部分手指挂线起 3 针，然后如图横向做编织花样 A。袖窿的加针，是卷针加针和直线部分的另线锁针挑针编织，领窝立起侧边的针目减针，加针时在边上 1 针内侧做扭针加针。袖窿的直线部分编织伏针，袖窿编织伏针，立起侧边针目减针。身片从育克的编织行开始挑针，做上针编织和编织花样 B，在边上 1针的内侧做扭针加针；同时，下摆处编织桂花针，最后编织桂花针的同时做伏针收针。袖子手指挂线起针后，编织桂花针和上针编织。领口从育克开始挑针，然后编织桂花针、伏针收针。前后肩部用卷针缝缝合的方法连接到一起。拆开袖窿的另线锁针，同时挑针做伏针收针。胁部和袖下做挑针缝合，最后用引拔针将衣袖和身片连接到一起。

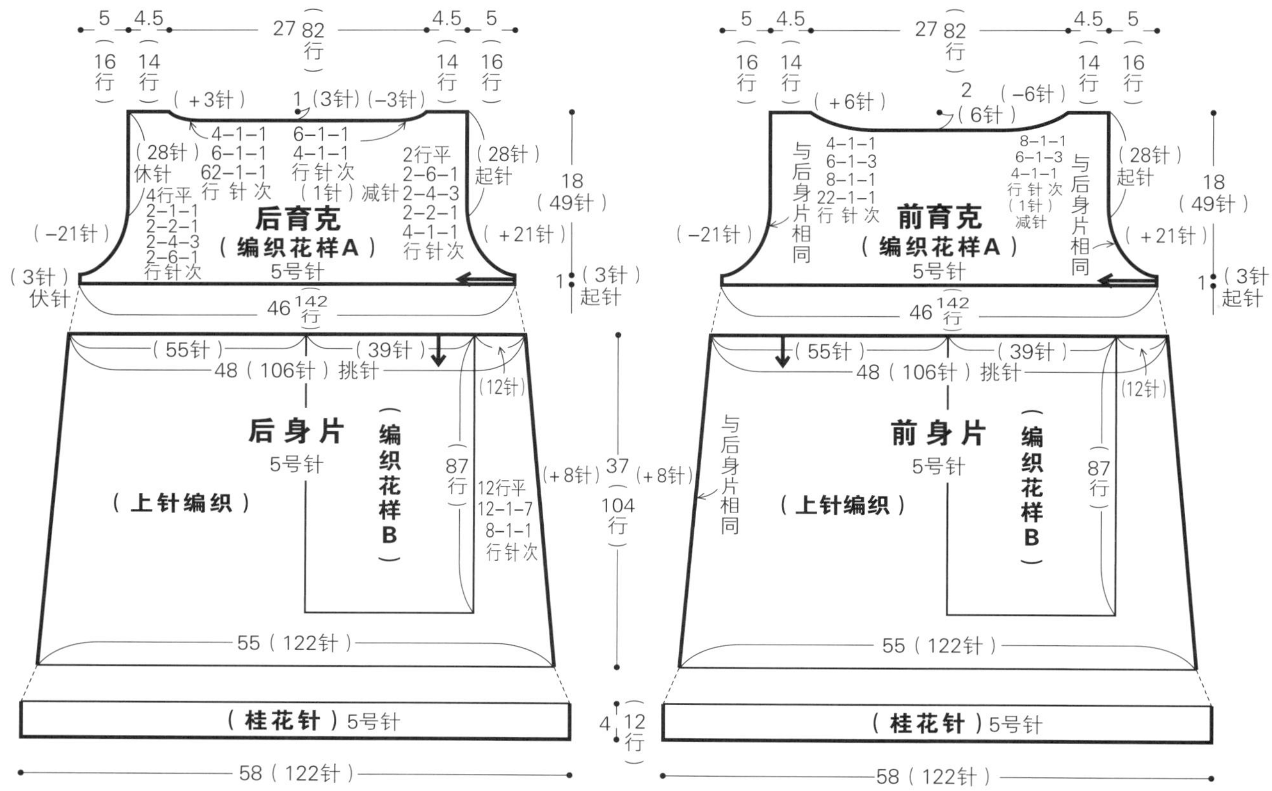

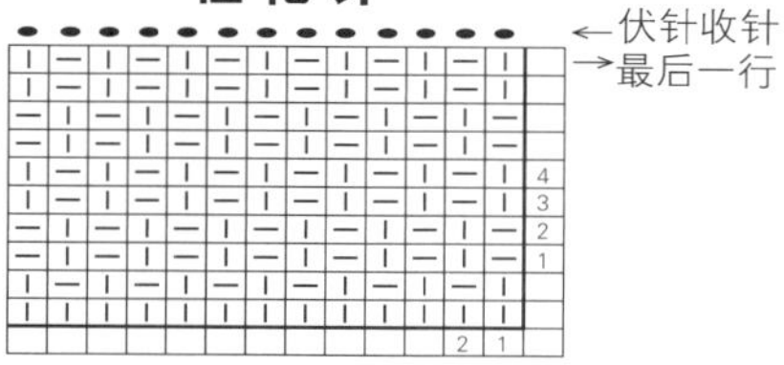

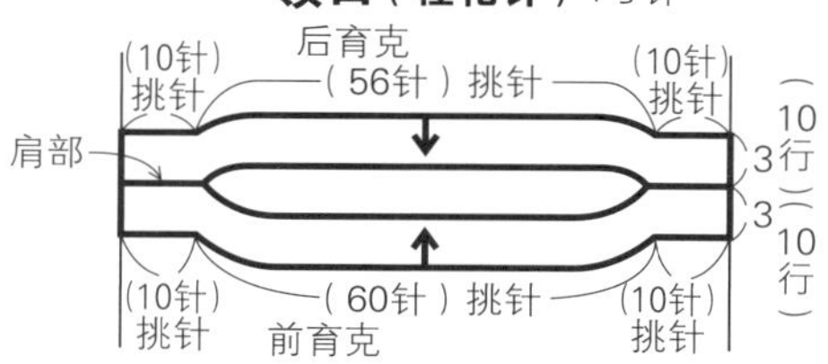

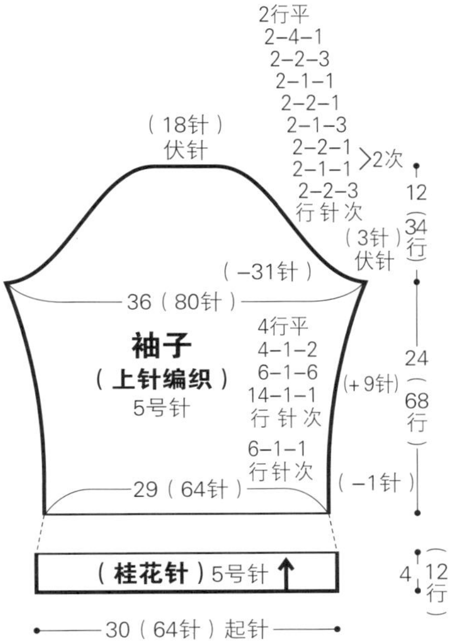

育克的编织方法

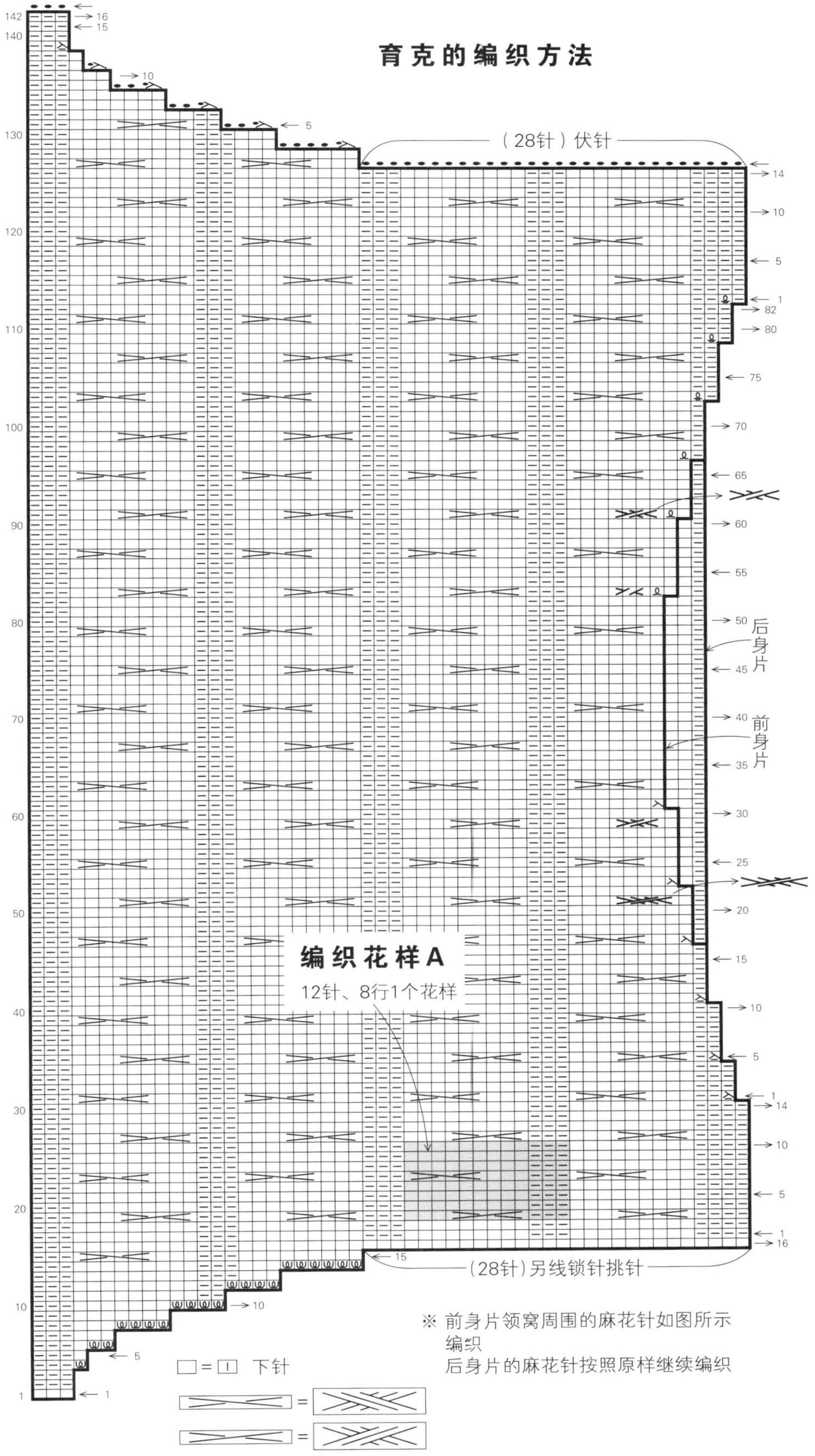

※ 前身片领窝周围的麻花针如图所示编织
后身片的麻花针按照原样继续编织

编织花样B

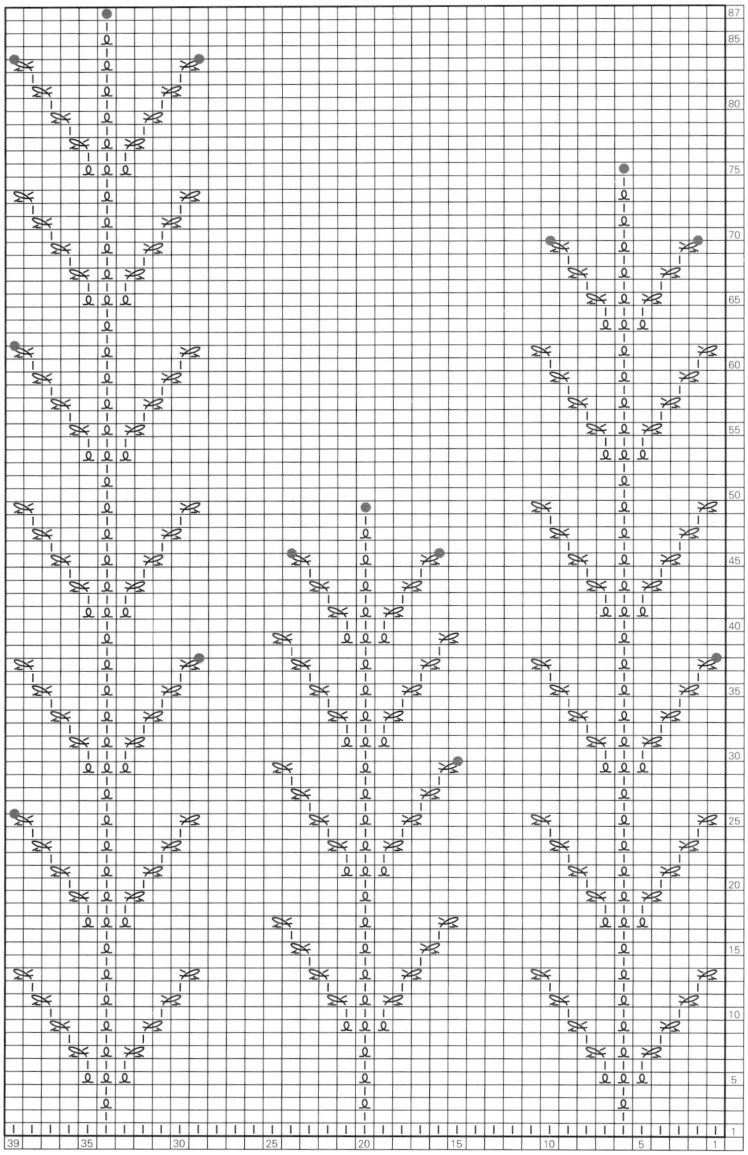

□=⊟ 上针

● = 枣形针 5/0号针

交叉的针目编织枣形针

枣形针的编织方法

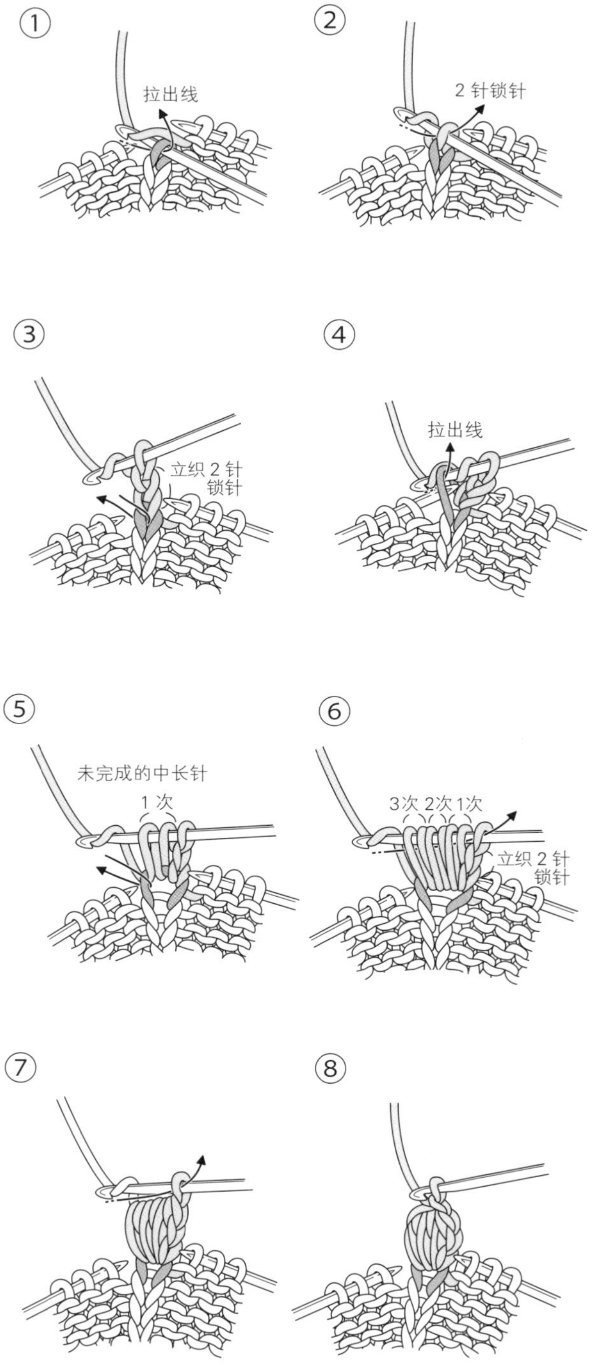

*20

第 26 页

●**材料** SKI Clement（粗）灰色、紫色、橘黄色段染（2307）300g/10团

●**工具** 棒针 8 号、6 号

●**成品尺寸** 胸围 92cm，衣长 57cm，连肩袖长 68.5cm

●**编织密度** 10cm×10cm面积内：编织花样A 24针，29行

●**编织要点** 身片、袖子都是在罗纹针的花样切换位置，另线锁针起针做编织花样 A。领窝和袖山减 2 针及以上时做伏针减针，1 针时立起侧边 1 针减针。斜肩做留针的引返编织。袖下在边上 1 针的内侧渡线做扭针加针。下摆和袖口另线锁针挑针，均匀减针，做编织花样 B，结束时做下针织下针、上针织上针的伏针收针。前后肩部做引拔接合，领口环形挑针，做编织花样 B，编织终点和下摆用同样方法处理。接袖窿止位的胁部和袖下做挑针缝合，袖子和身片之间做引拔接合。用熨斗熨烫时，尽量利用蒸汽熏喷，不影响到花样整体的蓬松感。

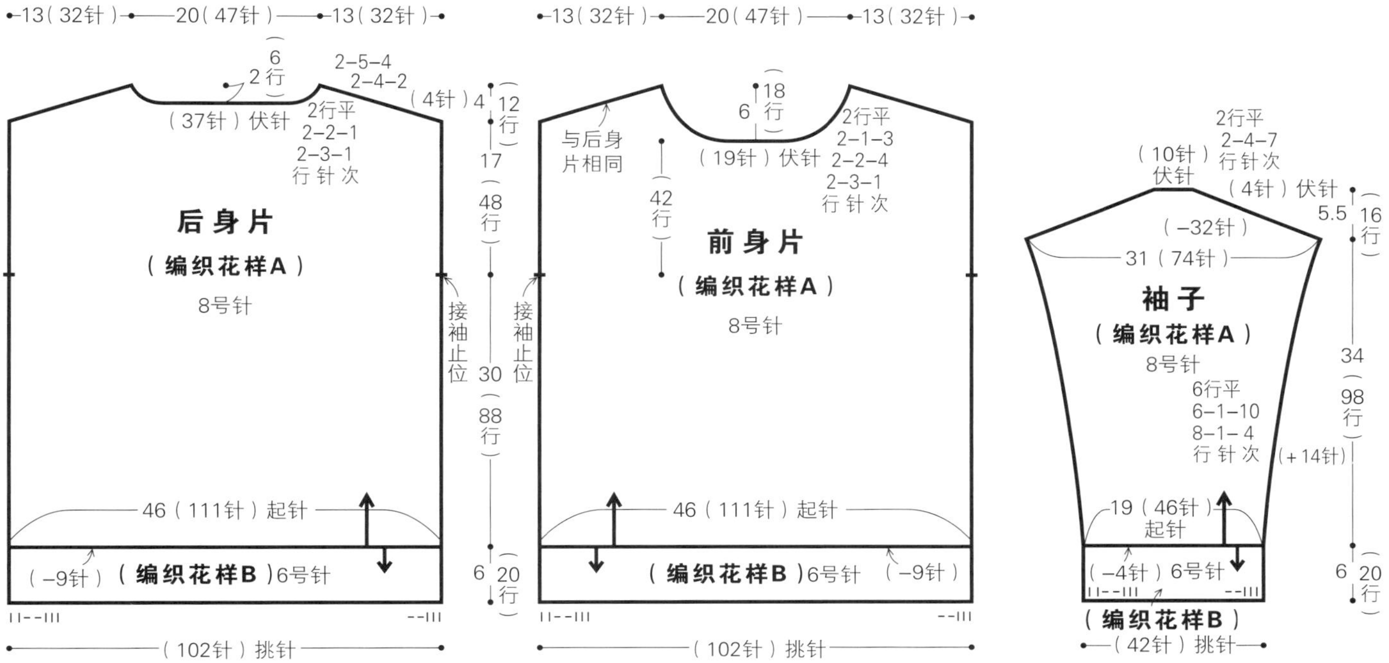

领口（**编织花样B**）6号针

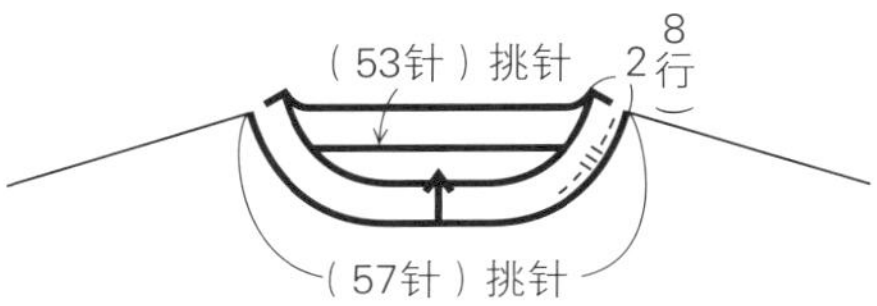

编织花样A

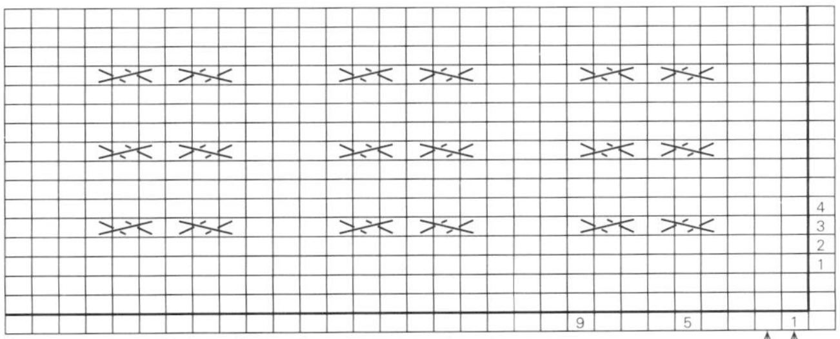

□=□ 下针

袖子 身片
编织起点

编织花样B

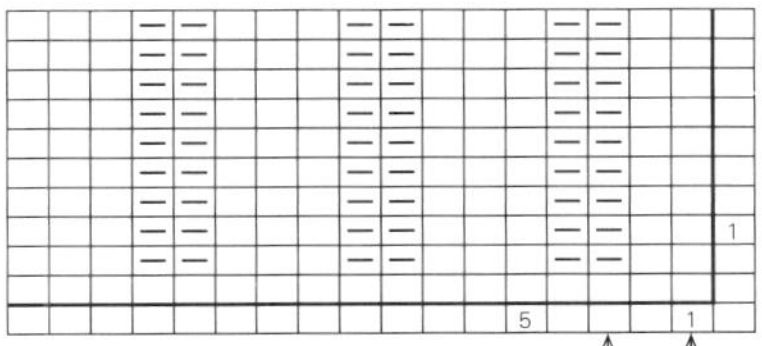

□=□ 下针

领口 身片、袖子
编织起点

＊21

第 27 页

●**材料**　SKI 风花（中细）茶褐色（2009）310g/11团

●**工具**　钩针 4/0 号

●**成品尺寸**　胸围 96cm，衣长 54.5cm，连肩袖长 58cm

●**编织密度**　10cm×10cm面积内：编织花样A、B均为24针，15行

●**编织要点**　从前身片中心附近开始，向左右两侧横向编织。前后身片锁针起针，在里山挑针，做编织花样 A。编织花样 A 的短针有整段挑针和分开针目挑针的区别，所以编织的时候要注意。如图所示，编织前身片的领窝时，右侧编织结束后，从起针的针目开始挑针，然后编织左侧。后身片不需要编织领窝，其余的编织方法和前身片相同。前后肩部钩引拔针和锁针接合，从肋部挑针，身片和袖子做编织花样 B，但是要注意的一点是，第 1 行是从反面挑针。肋部钩引拔针和锁针接合，袖下钩引拔针和锁针接合，下摆和袖口环形做边缘编织。领口也环形做边缘编织。

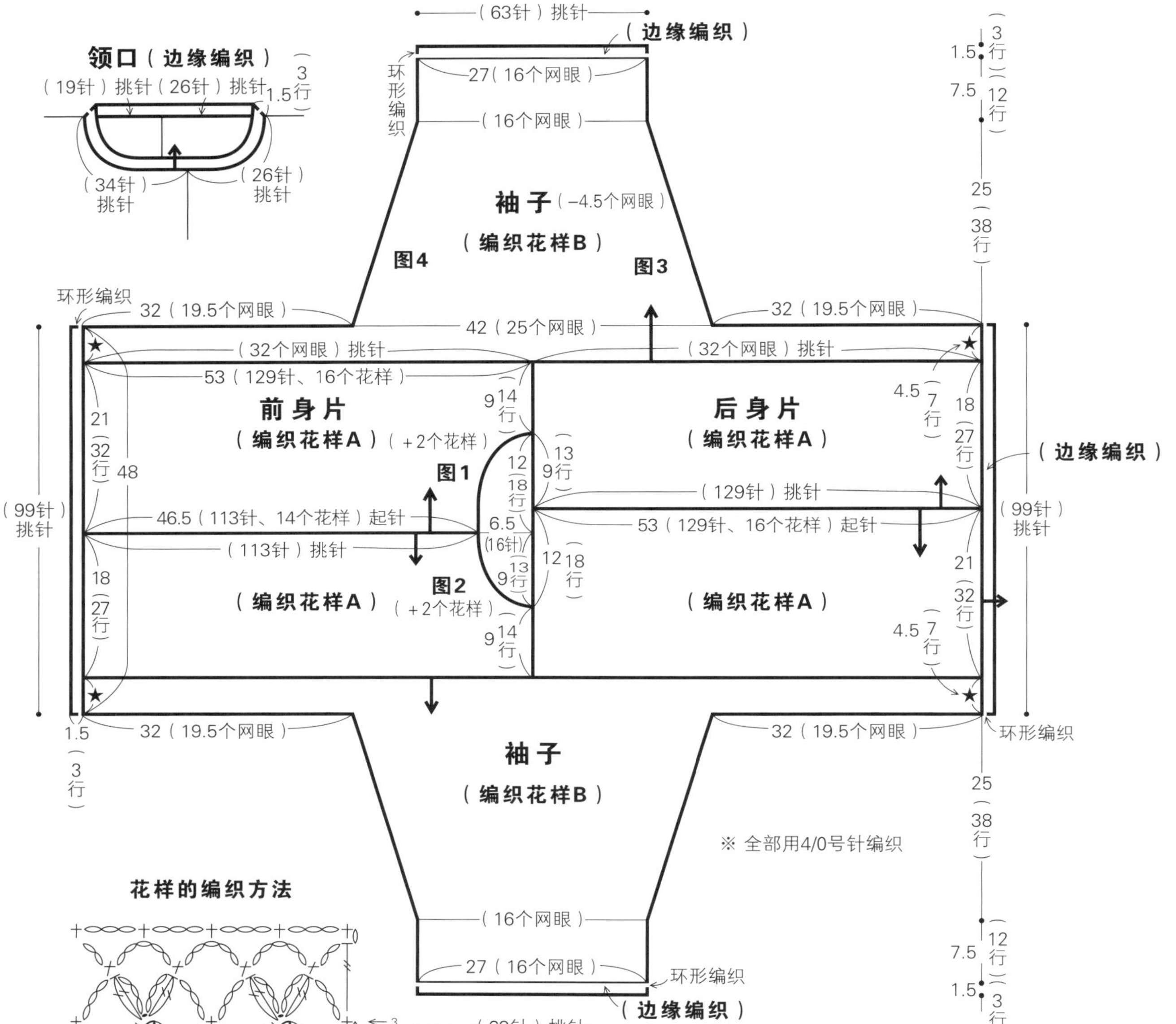

花样的编织方法

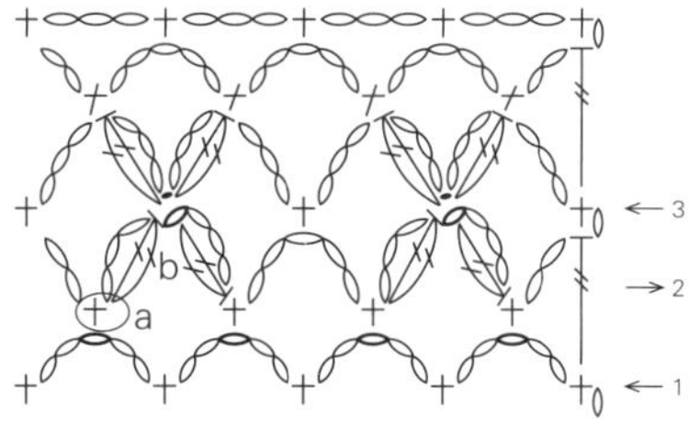

a 长针的枣形针在短针的根部2根线挑针编织
b 长针的枣形针在锁针的里山挑针编织

编织花样A（8针、8行1个花样）

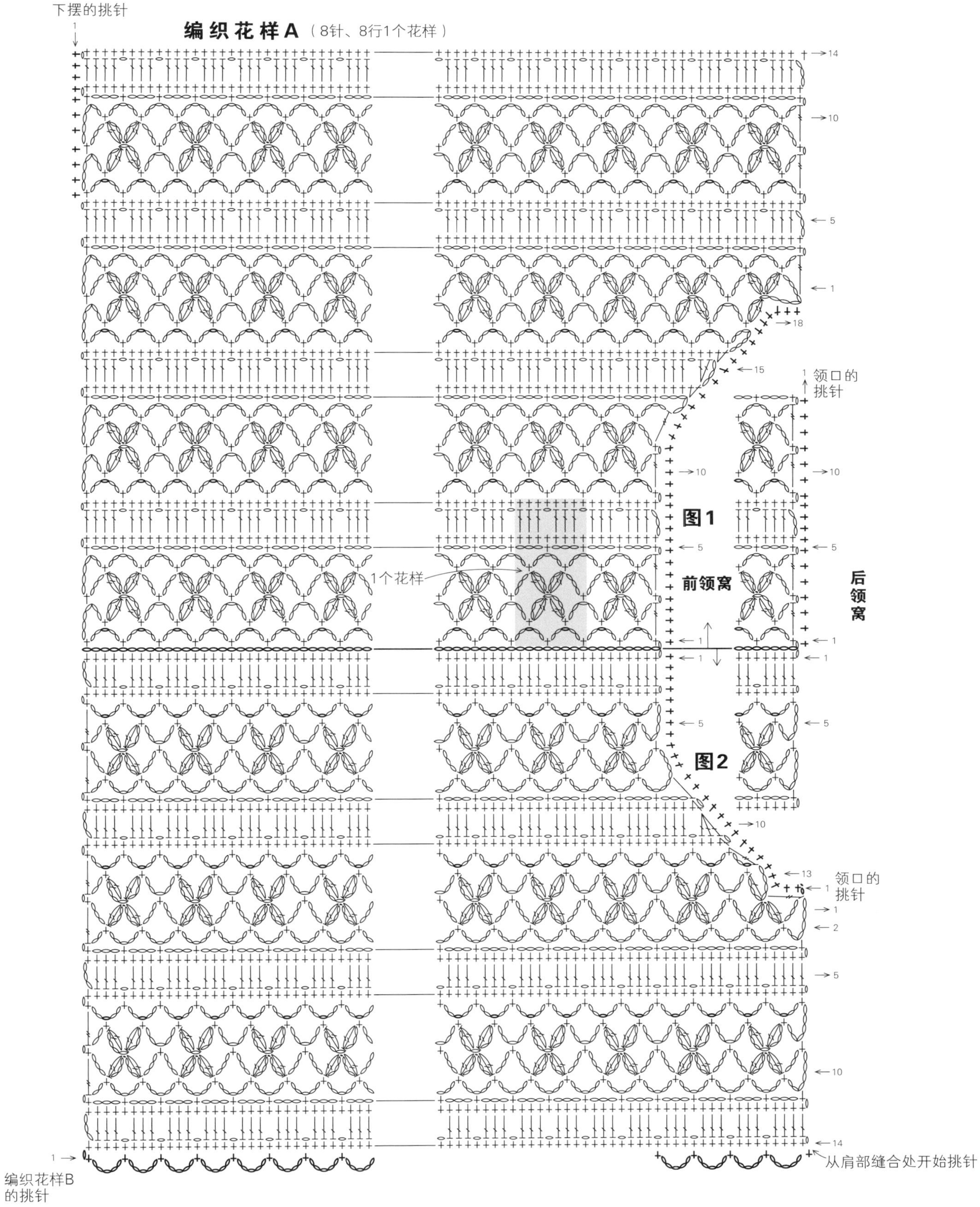

边缘编织

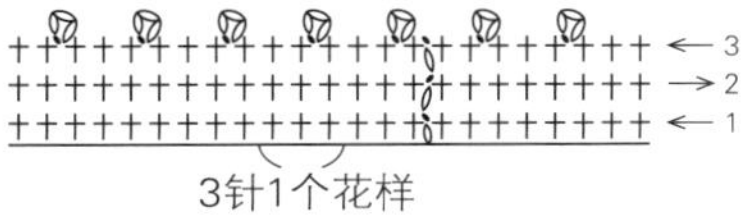

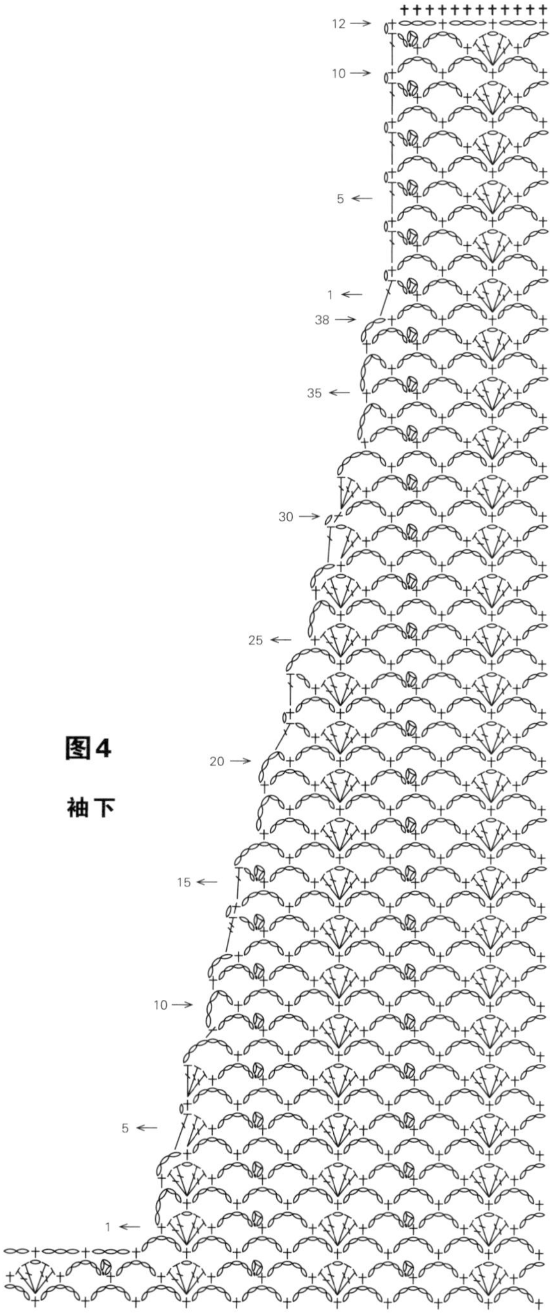

图4

袖下

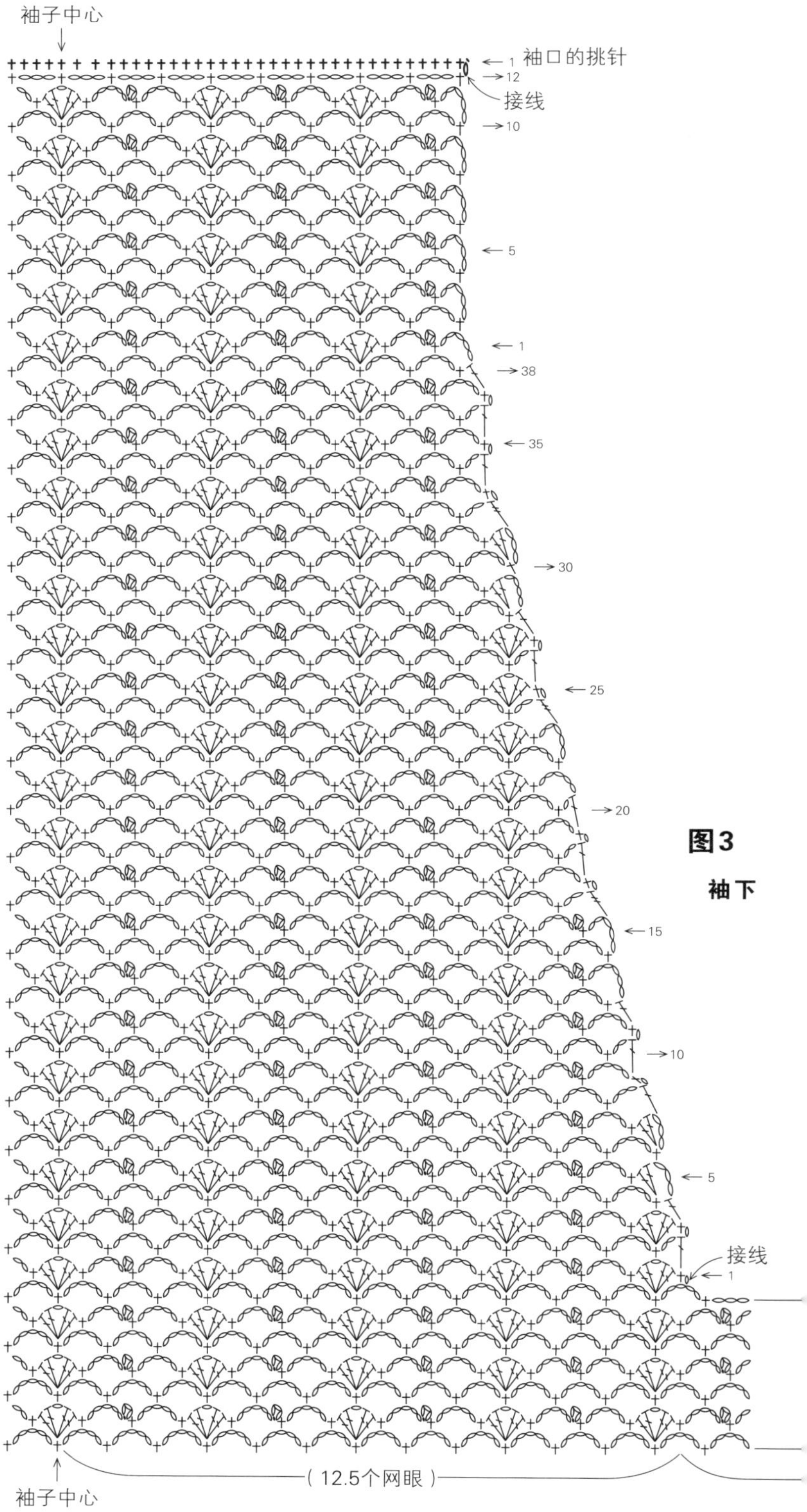

图3

袖下

*23

第 29 页

●**材料** SKI Platium Fur（极粗）铂金色（2335）55g/2团、银色（2336）60g/2团、银黑色（2337）135g/5团

●**工具** 棒针 12号、10号

●**成品尺寸** 胸围 92cm，衣长 60cm，连肩袖长 23cm

●**编织密度** 10cm×10cm面积内：起伏针19针，27行

●**编织要点** 前后身片的款式是相同的。下摆手指挂线起针，编织单罗纹针。在切换位置根据指定的配色编织条纹。在需要的时候将编织线剪断，然后换线编织。身片编织完成后，右肩做伏针收针，领子处休针，左肩接新线做伏针收针。肩部做卷针缝缝合，领口挑针环形编织起伏针，最后松松地做伏针收针。胁部的袖口开口止位和开衩开口止位处用银色线做挑针缝合。在成品上方 10cm 处，用蒸汽熨斗熨烫，调整衣服的形状，使线呈现出蓬松的感觉。

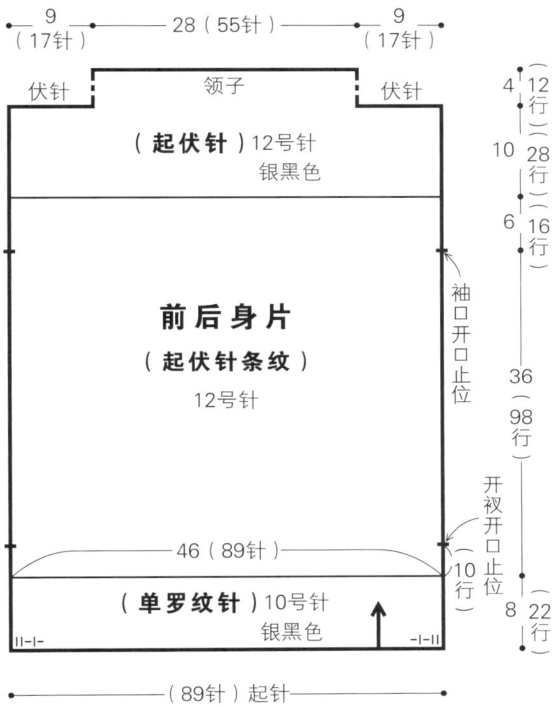

起伏针

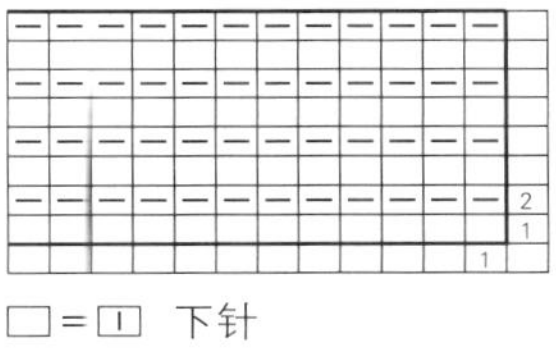

起伏针条纹的配色

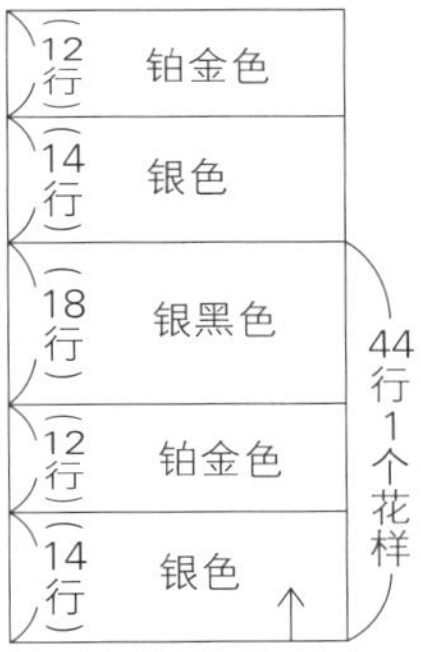

编织花样B

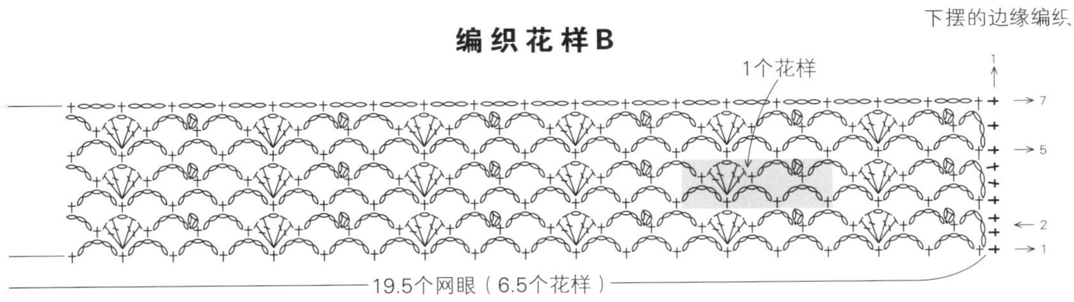

*22

第 28 页

●**材料** SKI Merino Silk（粗）蓝紫色（2607）235g/8团，直径1.5cm的纽扣5颗

●**工具** 棒针 5 号、3 号

●**成品尺寸** 胸围99cm，衣长54.5cm，连肩袖长32.5cm

●**编织密度** 10cm×10cm面积内：编织花样 24.5针、33.5行

●**编织要点** 前后身片在下摆手指挂线起针，做编织花样 A，然后做编织花样 B和 B'。袖窿的加针，在边上 1 针的内侧做扭针加针。领窝减 2 针及以上时做伏针收针，1 针时立起侧边 1 针减针。肩部做留针的引返编织。前后肩部做盖针接合，胁部做挑针缝合。领口做编织花样 C，在做上一行的编织花样时做伏针收针。前门襟的编织方法和领口相同，在右侧留出扣眼。袖口环形做编织花样 C。

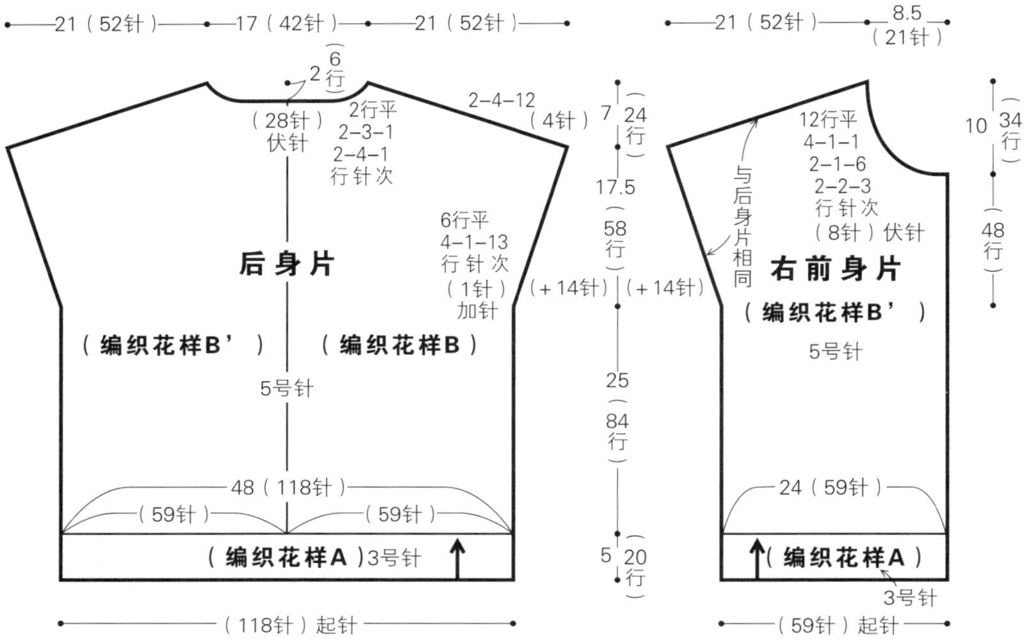

※ 左前身片做编织花样B

领口、前门襟、袖口

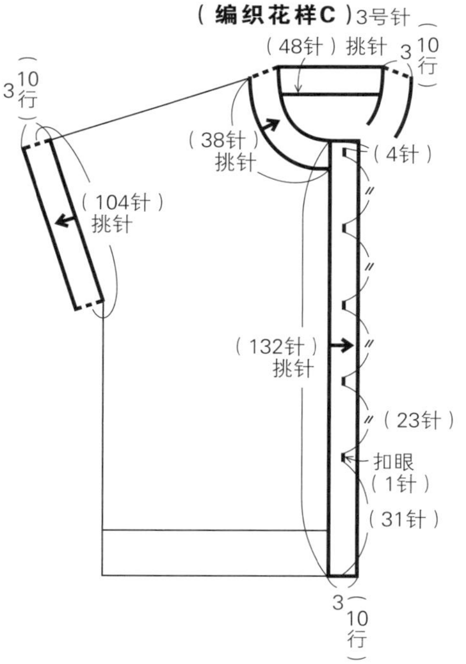

编织花样C

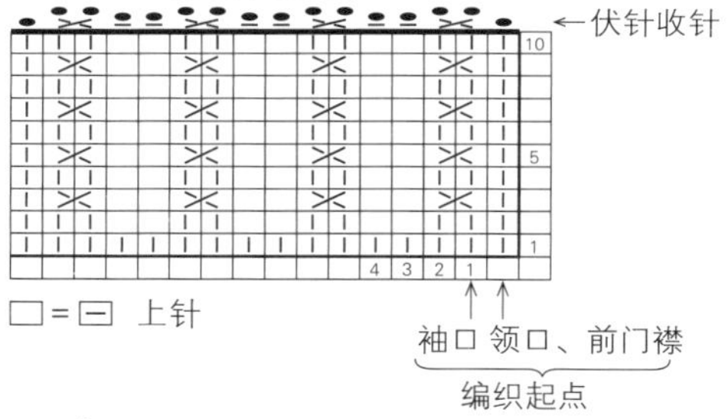

扣眼（右前门襟）

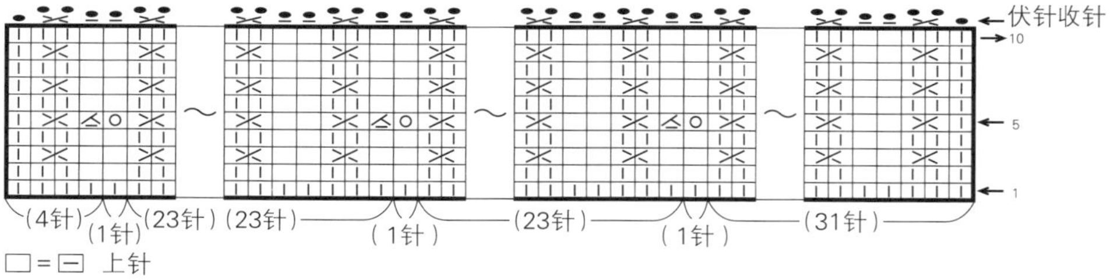

编织花样

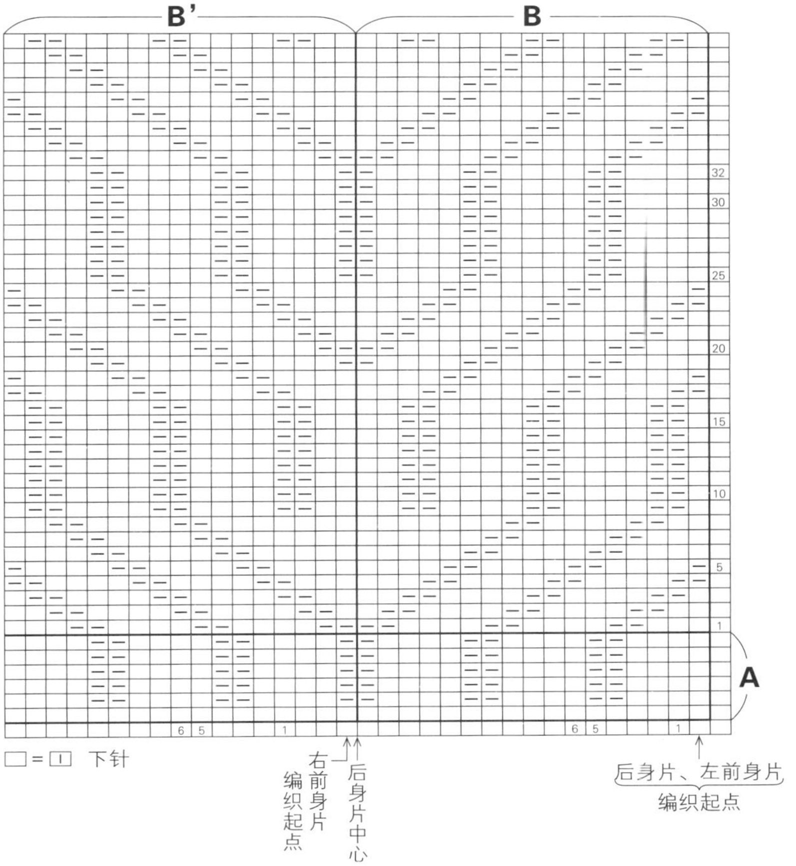

第94页 作品27

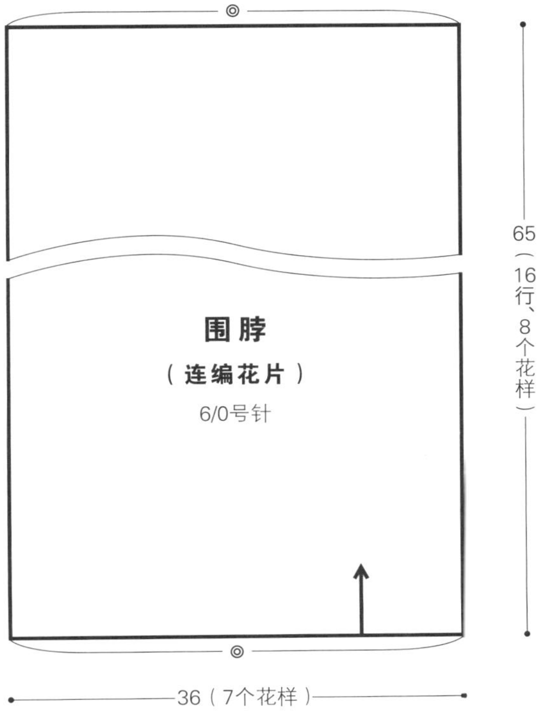

◎ 标记相同处连接到一起

*
27
第 35 页

●**材料**　SKI Mago（粗）红色系（2033）80g/3团
●**工具**　钩针 6/0号
●**成品尺寸**　宽 36cm，周长 65cm
●**编织密度**　1个花样=5.1cm，2行=8.1cm
●**编织要点**　整体做连编花片。编织起点钩5针锁针，然后和第1针引拔成环形，需要编织3片带狗牙针的花瓣。编织7针锁针，接着编织5针锁针做成环，然后再编织第2朵花，同时在狗牙针处和前面的花朵连接。重复上述方法，共完成7朵花，然后编织第2行。从第2行的左侧部分开始，在未完成的状态下编织下一行，在第16行时和第1行连接成环，将左侧部分编织完成的同时回到第1朵花处。

5针锁针的环的编织方法

线放在锁针的下面，引拔

狗牙针的连接方法

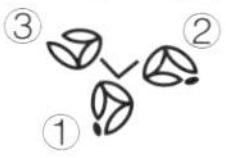

编织2针锁针，然后把钩针从针目中抽出；再次插入相邻的狗牙针中，将针目拉出，编织第3针锁针

←编织图在第 93 页

24

第31页

●**材料** SKI World Selection Fano（中粗）灰色系（1108）300g/8团

●**工具** 棒针10号、8号、6号

●**成品尺寸** 衣长42cm

●**编织密度** 编织花样A 1个花样 22针11cm×10cm 19行；编织花样B 10cm×10cm面积内：20针，22行

●**编织要点** 手指挂线起针，环形做编织花样A，行数不同，针目的数量也有差异，所以在编织的时候要注意。中途换针编织，从花样切换位置，要交替做编织花样B和C。编织花样B如图所示，需要在编织的同时进行减针，最后一行每个花样都要减3针，然后做伏针收针。领口做编织花样D，从正面开始挑针，从第2行开始，从反面环形编织，最后松松地做上针的伏针收针。

斗篷

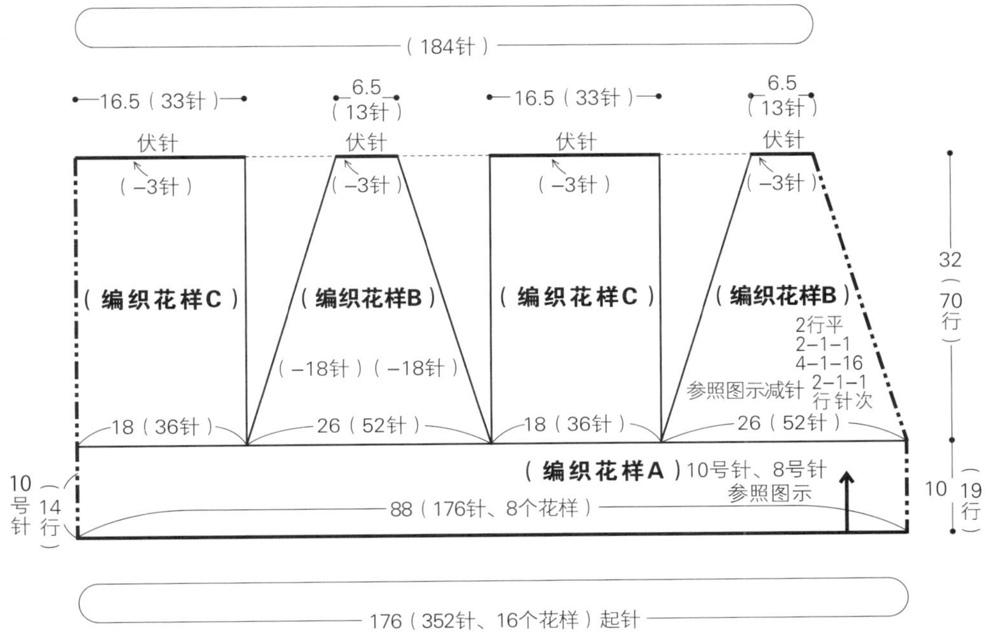

※ 除指定以外，全部用8号针编织

领口

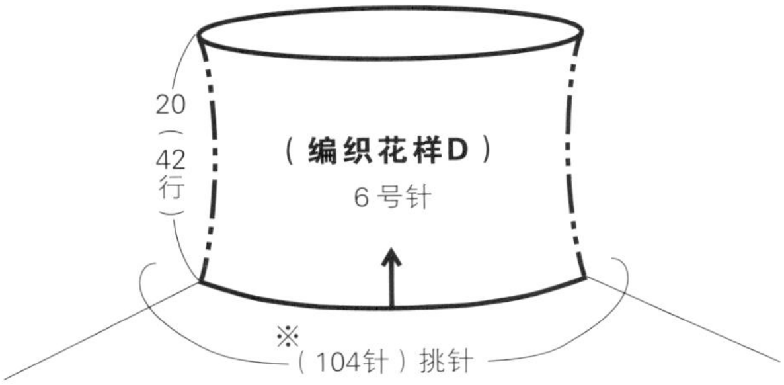

※分别从编织花样B（9针）、编织花样C（17针）挑针

编织花样D

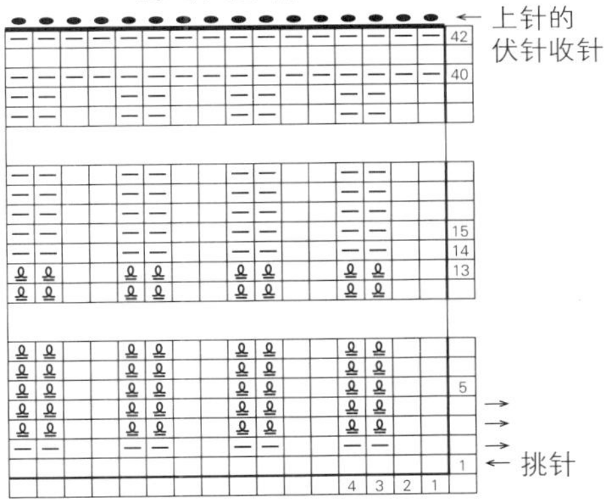

□ = ▯ 下针

※ 编织花样D从正面挑针，从第2行开始，从反面环形编织

编织花样B

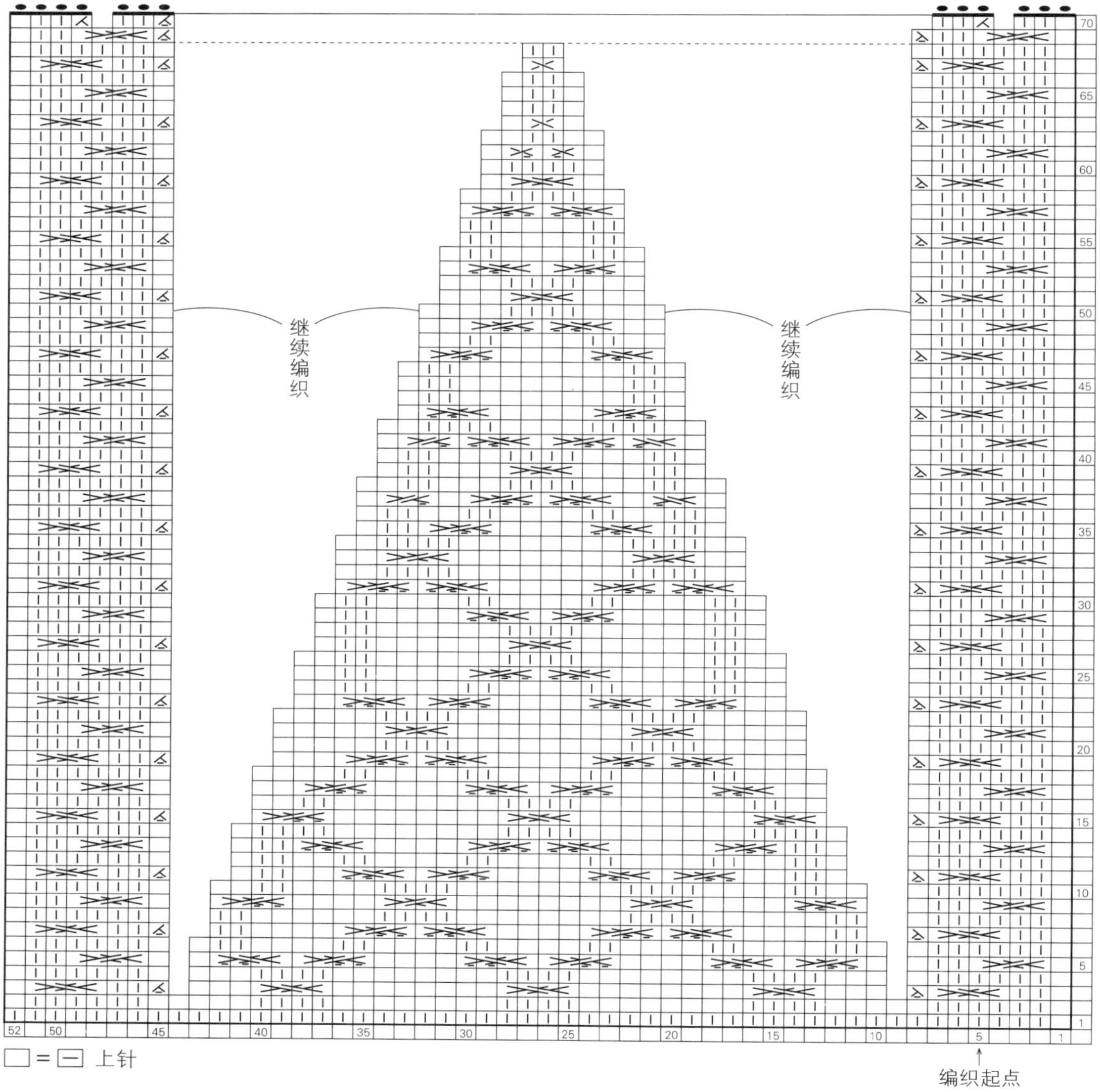

□ = ⊟ 上针

编织花样A

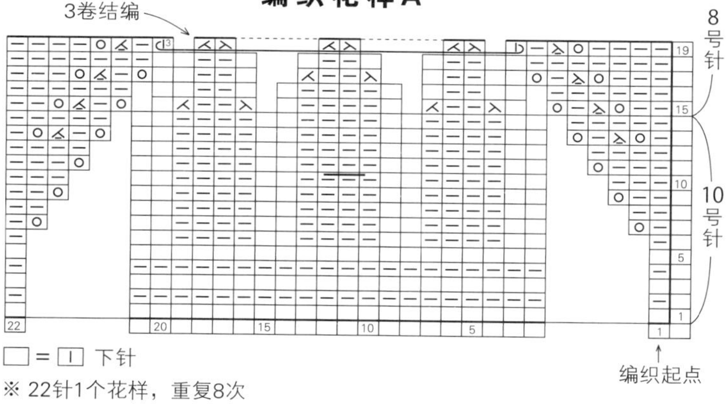

□ = ⧈ 下针

※ 22针1个花样，重复8次

编织花样C

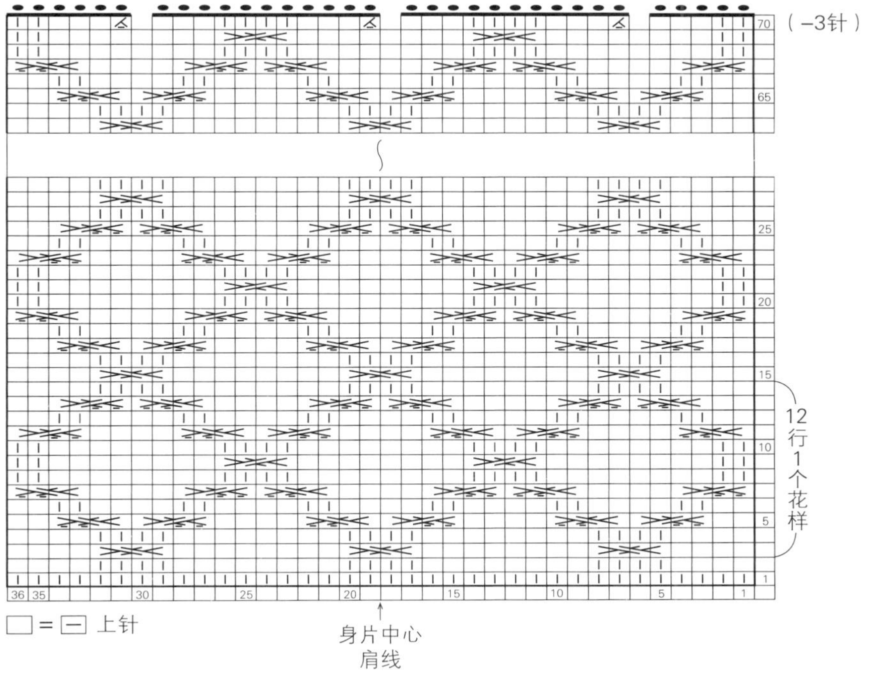

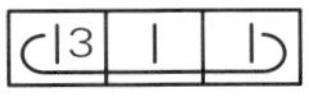

3卷结编

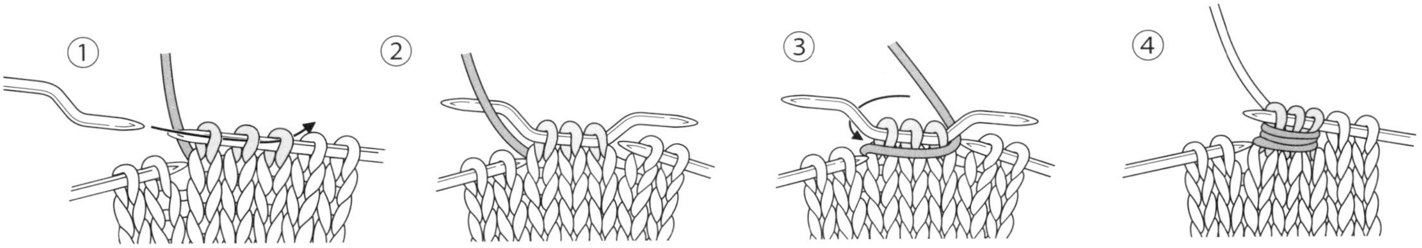

编织3针，将针目移至麻花针上。

编织线缠绕3次，再次移至右棒针上。

＊30

第 36 页

●**材料**　SKI Clement（粗）紫红色系（2311）57g/2团、黑色霓虹系（2310）55g/2团
●**工具**　钩针 7/0 号
●**成品尺寸**　宽 17cm，长 142.5cm
●**编织密度**　1个花样3.4cm，6行9.5cm
●**编织要点**　锁针起针，在锁针的里山挑针，做编织花样，每 2 行编织 1 次配色条纹花样。第 2 行以后的短针要整段挑取。配色用的线不要剪断，在编织偶数行最后的 3 卷长针时，将其和下一行的线编织到一起，注意不要影响到渡线。

条纹花样

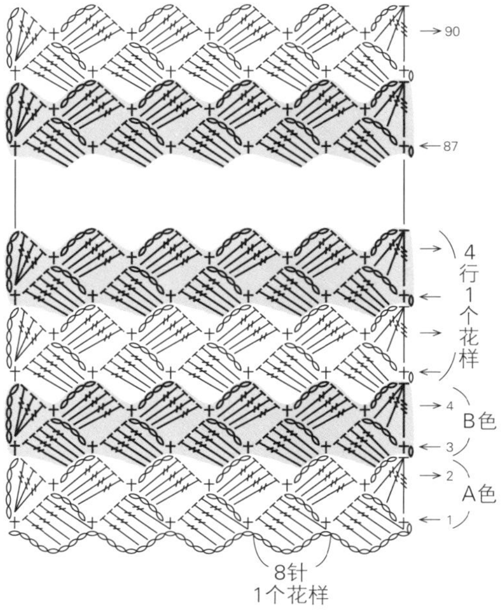

A色 ＝ 紫红色系

B色 ＝ 黑色霓虹系

长长针

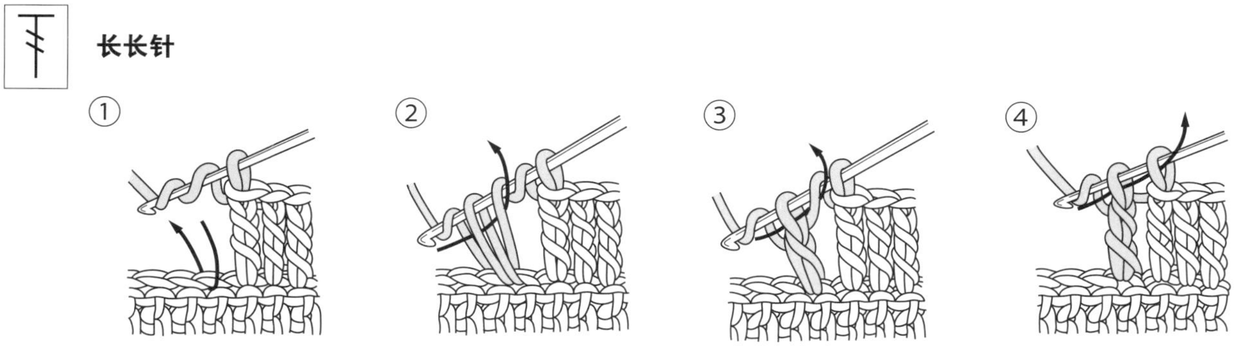

25

第 32 页

●**材料** SKI Neige（粗）红色（2136）175g/6团，SKI Platium Fur（极粗）黑色、金色（2388）25g/1团

●**工具** 钩针 5/0号、7/0号

●**成品尺寸** 胸围随意，衣长 63.5cm

●**编织密度** 10cm×10cm面积内：编织花样 5个网眼 10行

●**编织要点** 身片在锁针起针的里山挑针，从上部开始向下摆无加、减针地做编织花样。主体的网眼针在编织的过程中比较容易变形，要注意。身片的标记处分别对齐，做挑针缝合；编织领口和前门襟时，要从身片的起针和标记处挑针，做编织花样。领子、前门襟的周围和身片的下摆处继续做边缘编织A，转角处如图所示编织。袖口做边缘编织B，编织的同时注意更换线和钩针。

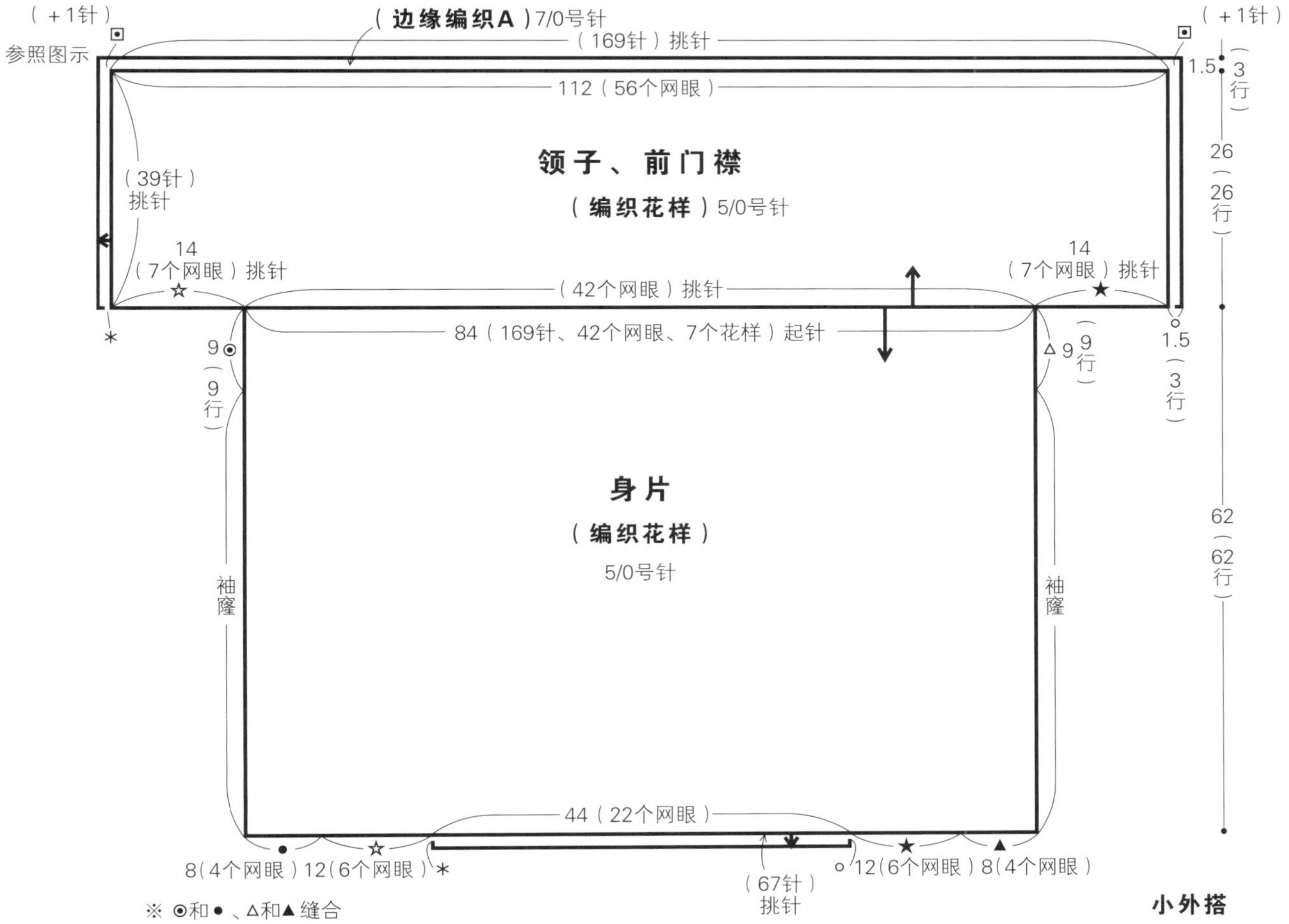

※ ⊙和●、△和▲缝合

※ ∗、○ 标记处继续编织

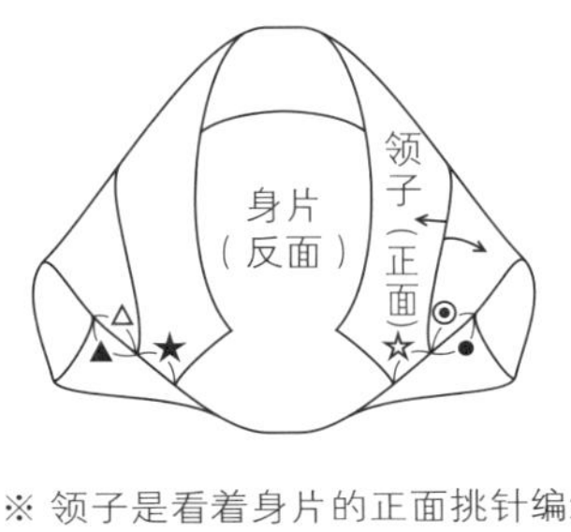

※ 领子是看着身片的正面挑针编织

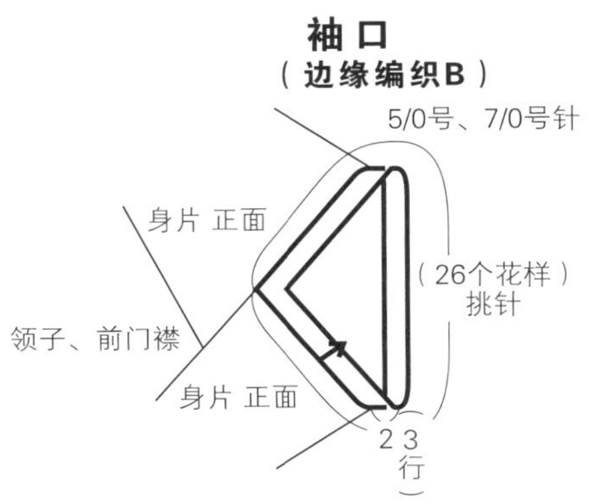

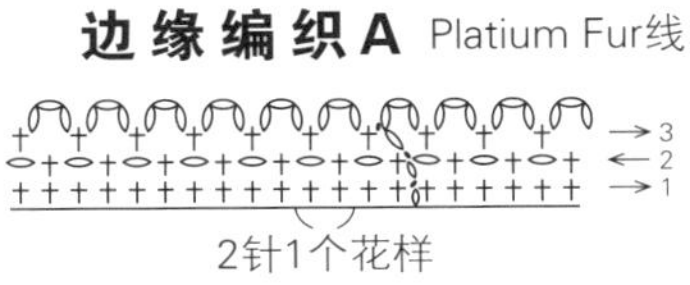

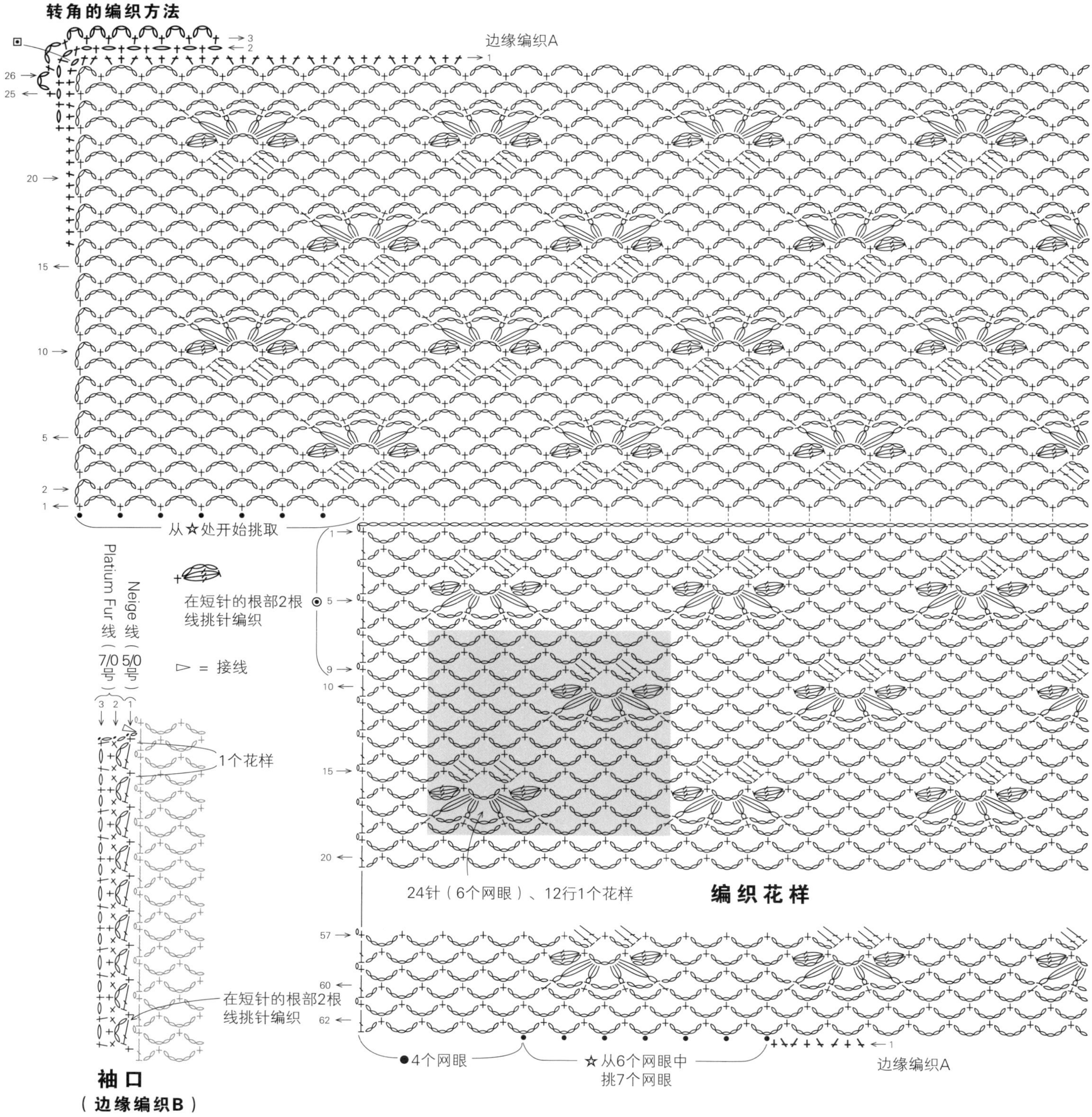

转角的编织方法
边缘编织A
在短针的根部2根线挑针编织
▷ = 接线
从☆处开始挑取
Neige线（5/0号）
Platium Fur线（7/0号）
1个花样
在短针的根部2根线挑针编织
袖口
（边缘编织B）
24针（6个网眼）、12行1个花样
编织花样
●4个网眼
☆从6个网眼中挑7个网眼
边缘编织A

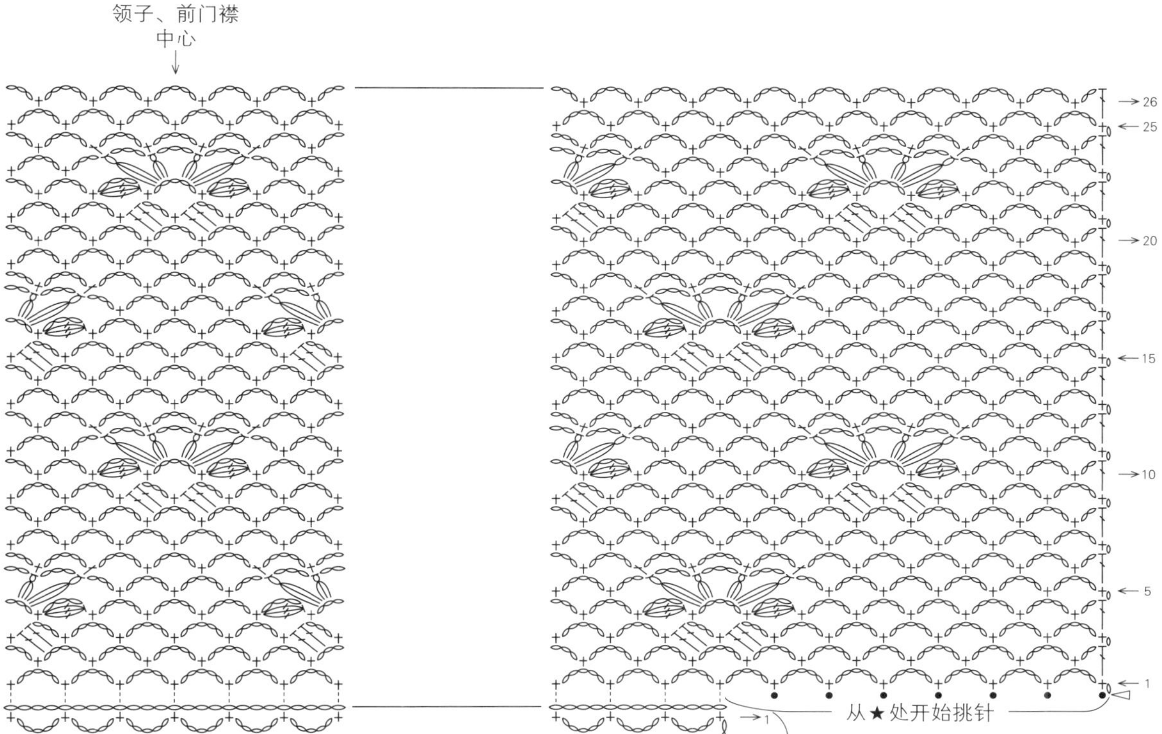

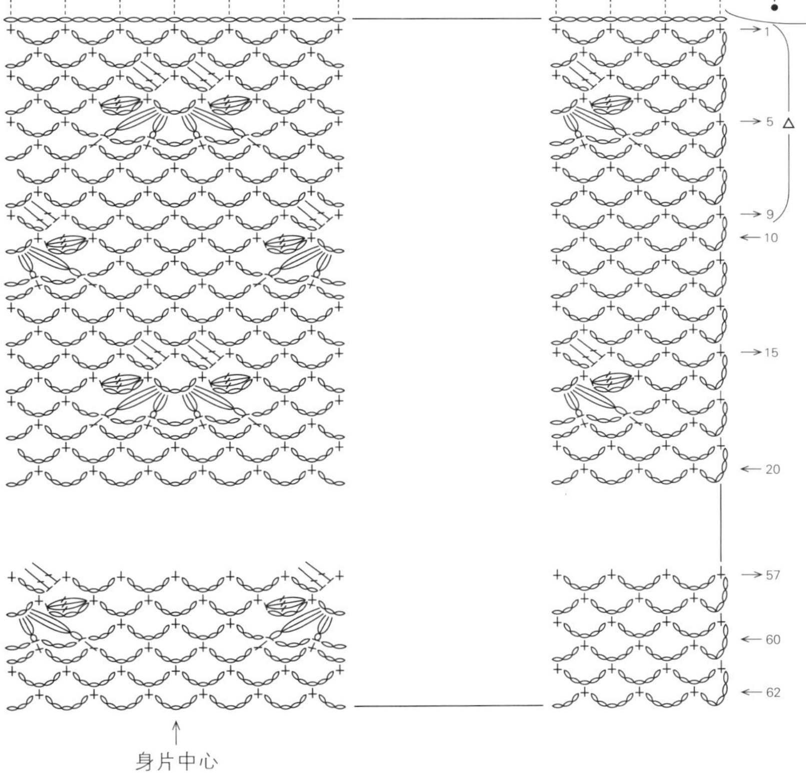

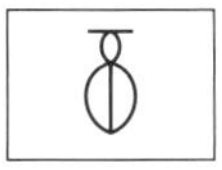

变化的3针中长针的枣形针

（本作品是整段挑起锁针的针目编织）

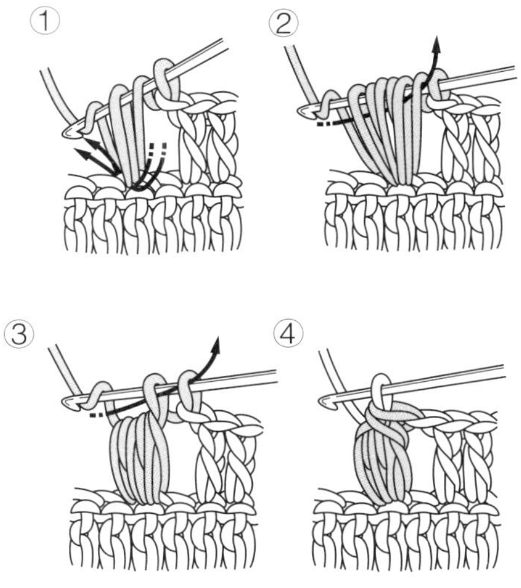

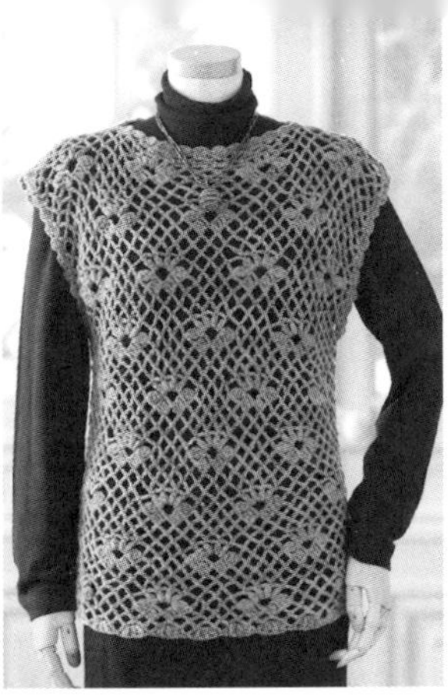

26

第 33 页

●**材料**　SKI Neige（粗）灰粉色系（2135）135g/5团

●**工具**　钩针 5/0号

●**成品尺寸**　胸围 96cm，衣长 57.5cm

●**编织密度**　10cm×10cm面积内：编织花样 5个网眼 10行

●**编织要点**　前后身片编织方法相同。锁针起针后，做编织花样，无加、减针编织成四边形。肩部做锁针接合，胁部到袖口开口止位做锁针接合。下摆环形做边缘编织 A，领口做边缘编织 B，袖口环形做边缘编织 C。

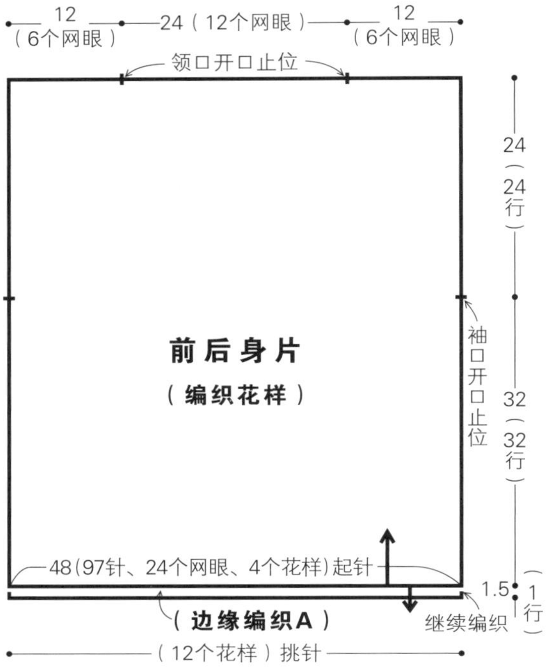

※ 全部用5/0号针编织

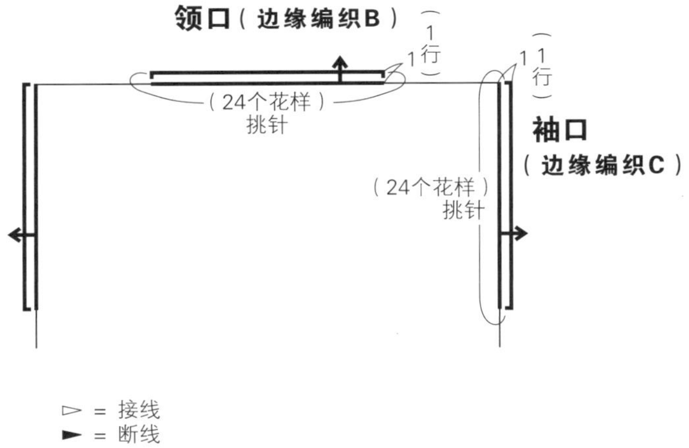

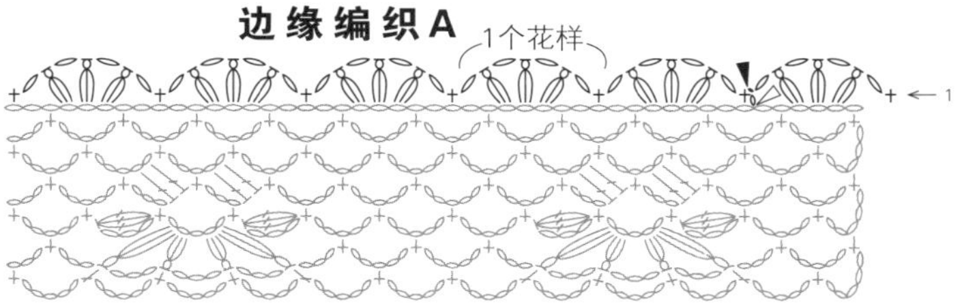

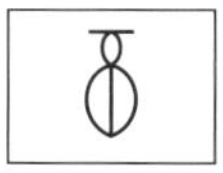

变化的 3 针中长针的枣形针在第 101 页

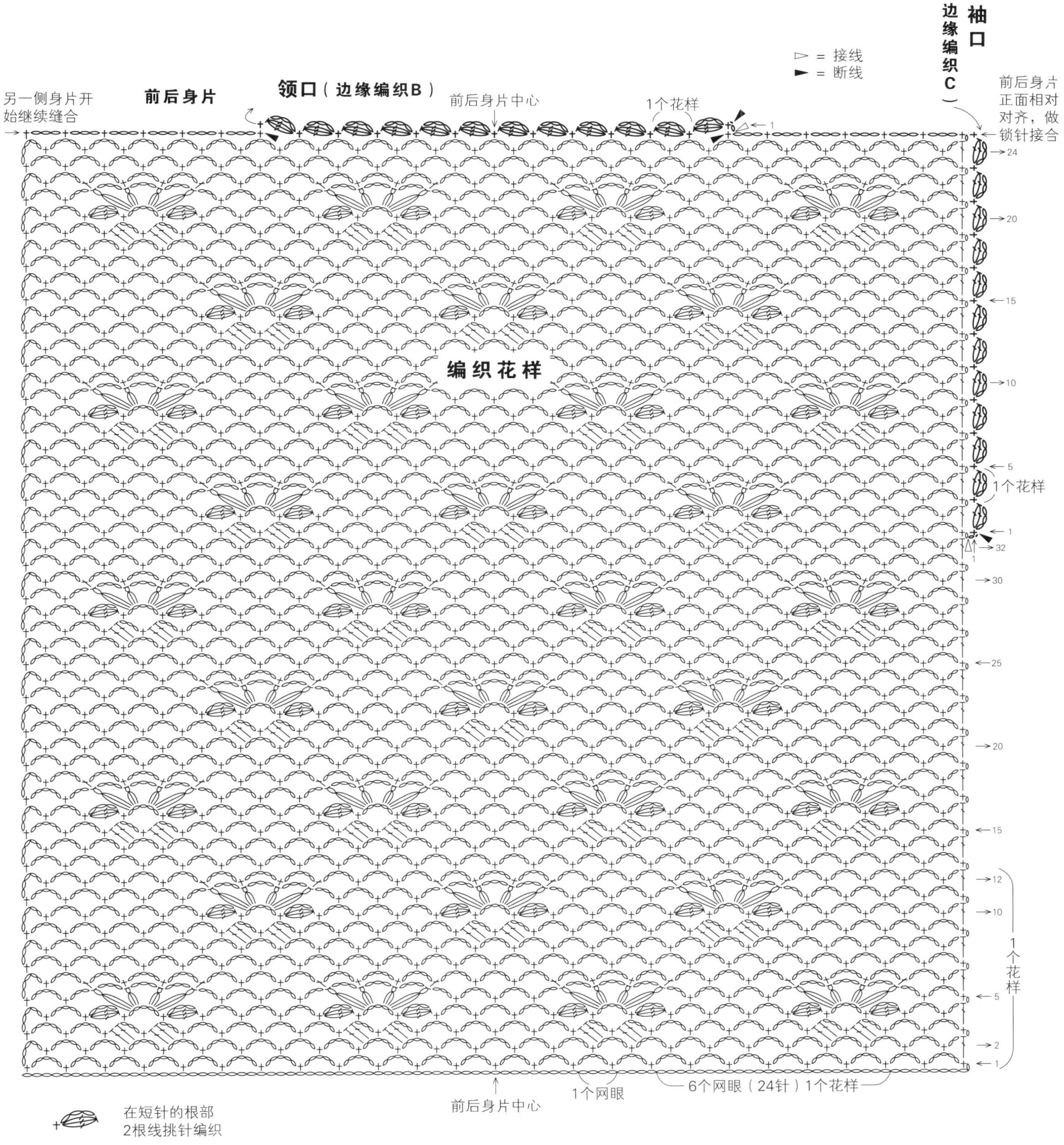

袖口
（边缘编织C）
▷ = 接线
◀ = 断线
另一侧身片开始继续缝合
前后身片
领口（边缘编织B）
前后身片中心
1个花样
1
前后身片正面相对对齐，做锁针接合
24
20
15
10
5
1个花样
1
32
30
25
20
15
12
10
1个花样
5
2
1
编织花样
前后身片中心
1个网眼
6个网眼（24针）1个花样
在短针的根部2根线挑针编织

＊28

第 35 页

●**材料**　SKI Merino Silk（粗）红色（2609）45g/2团，直径4mm的串珠 2颗

●**工具**　钩针 5/0号

●**成品尺寸**　手掌围 19cm，长 16cm

●**编织密度**　10cm×10cm面积内：编织花样A 28针，13行

●**编织要点**　锁针起针编织成环形。第 1 行在锁针的里山挑针，做编织花样 A。花样的编织方法是 2 针和 1 针长针交叉以及变化的 2 针和 1 针长针交叉（左上）分别编织 3 行。编织完第 7 行后，用 8 针锁针编织拇指孔，下一行在锁针的里山挑针后继续做编织花样。手指一侧做边缘编织，第 1 行在上一行长针头部后面的 1 根线挑针。起针侧也在锁针起针后面的 1 根线上挑针开始编织，均匀减针，做编织花样 B。编织花朵花片，并在中心缝上串珠，再缝到指定位置。

反短针在第 111 页

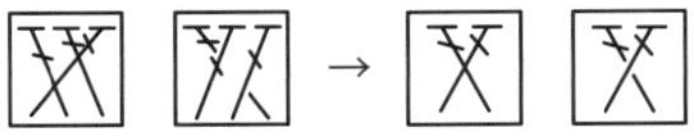

参照第 110 页的 1 针长针交叉和变化的 1 针长针交叉

长针的正拉针在第 111 页

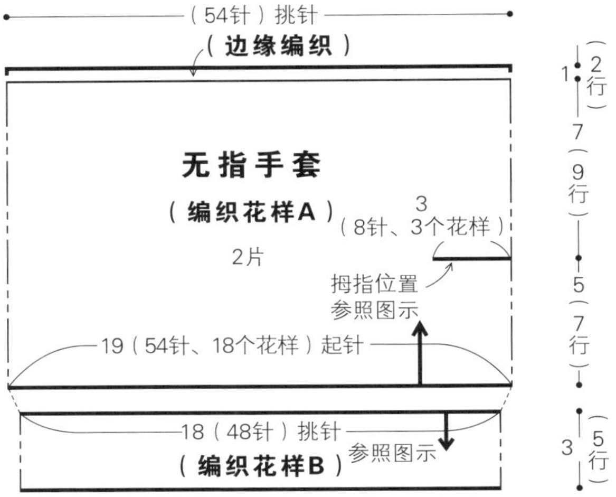

※ 全部用5/0号针编织

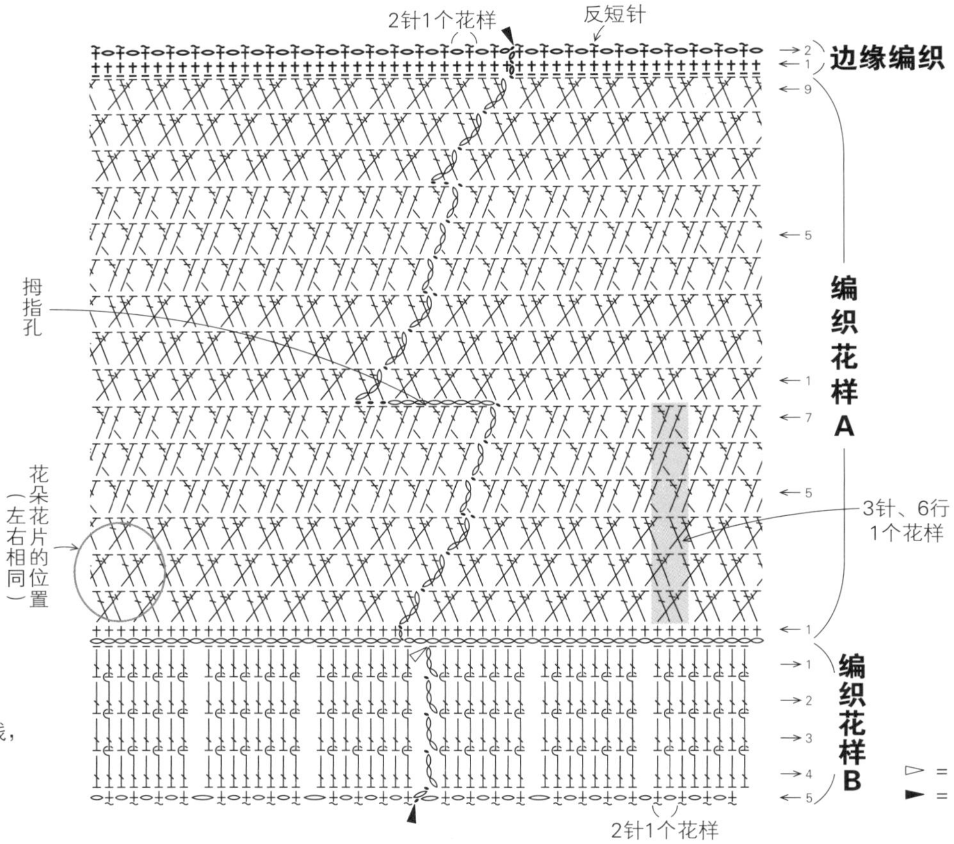

▷ = 接线
▶ = 断线

花朵花片　2片
5/0号针

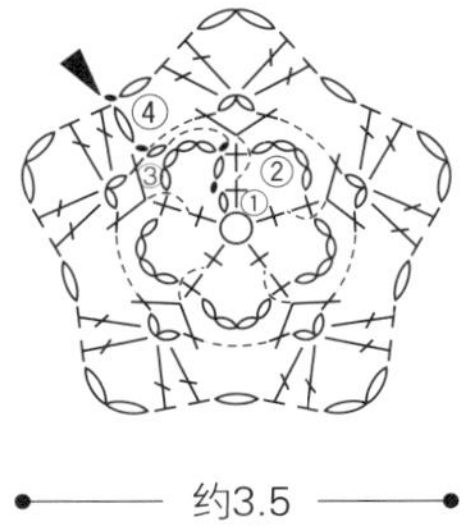

※ 编织第3行时，把织片翻到反面，将第2行的4针锁针推到前面，然后在第1行的短针上挑针

※ 在编织起点预留出约20cm长的线，然后用这条线将串珠缝到中心处

29

第 36 页

●**材料** SKI World Selection Bluno（中粗） 茄紫色（508）50g/2团

●**工具** 棒针 10号

●**成品尺寸** 头围 54cm，帽深 21cm

●**编织密度** 10cm×10cm面积内：编织花样A 13针，24行

●**编织要点** 手指挂线起针，环形起针后钩织起伏针，按编织花样 A、B，无加、减针编织。如图所示，在 6 处分散减针，同时做下针编织；在剩余的 12 针中穿上线系紧。后片的 3 处褶皱，从反面缝合。

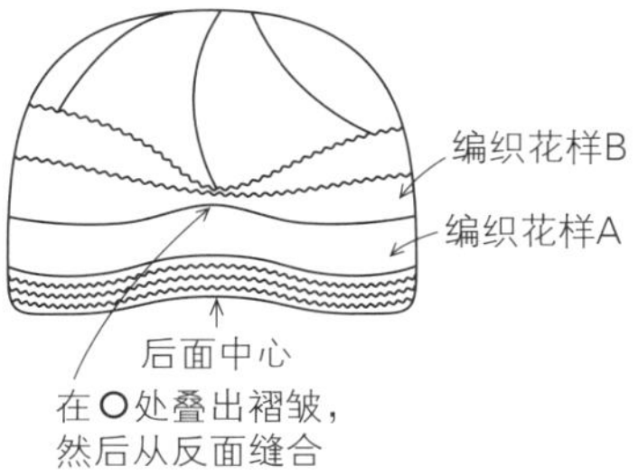

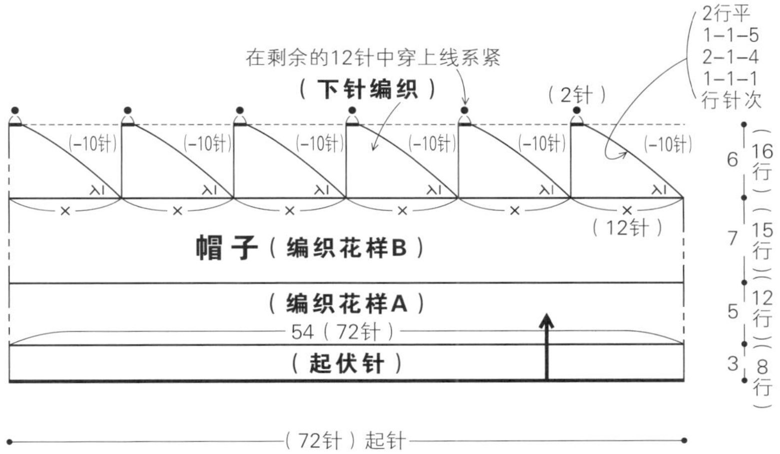

※ 全部用10号针编织

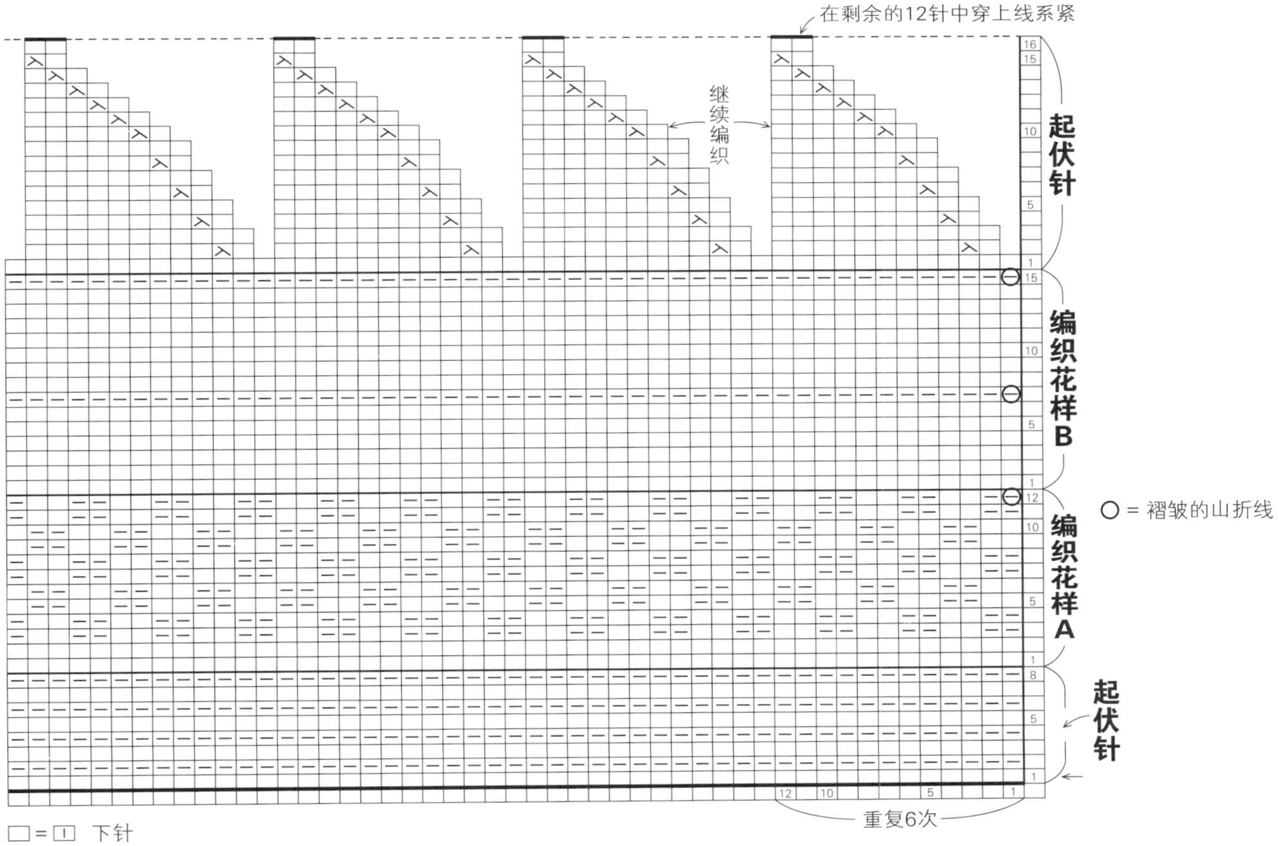

✳ 31

第 37 页

● **材料** SKI Platium Fur（极粗）黑金色(3338)105g/4团，SKI Elise（中细）黑金色(106)30g/2团，直径 2.5cm的纽扣3颗

● **工具** 棒针 8号、4号

● **成品尺寸** 宽28cm，周长96cm

● **编织密度** 10cm×10cm面积内：条纹花样A 32针，24行

● **编织要点** 手指挂线起 46针，按编织花样 B 编织 12行，不换针，在条纹花样 A 的第 1行，编织扭针加针至 90针。从第 3行开始，换线和针，开始做条纹花样 A。在替换配色线的位置，不需要剪断编织线，只需要将其绕到侧边的针目上，然后向上渡线编织，注意不要缠到一起。最后一行减针至46针，变换针和线后做编织花样 B。在第 7行编织出扣眼后，最后做伏针收针。

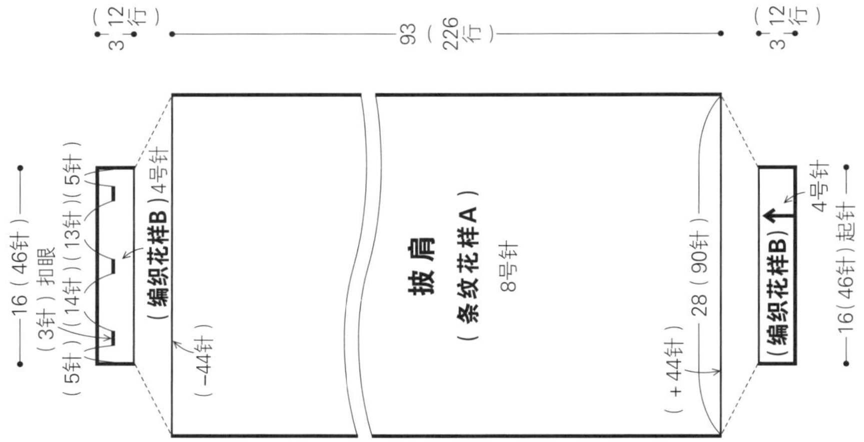

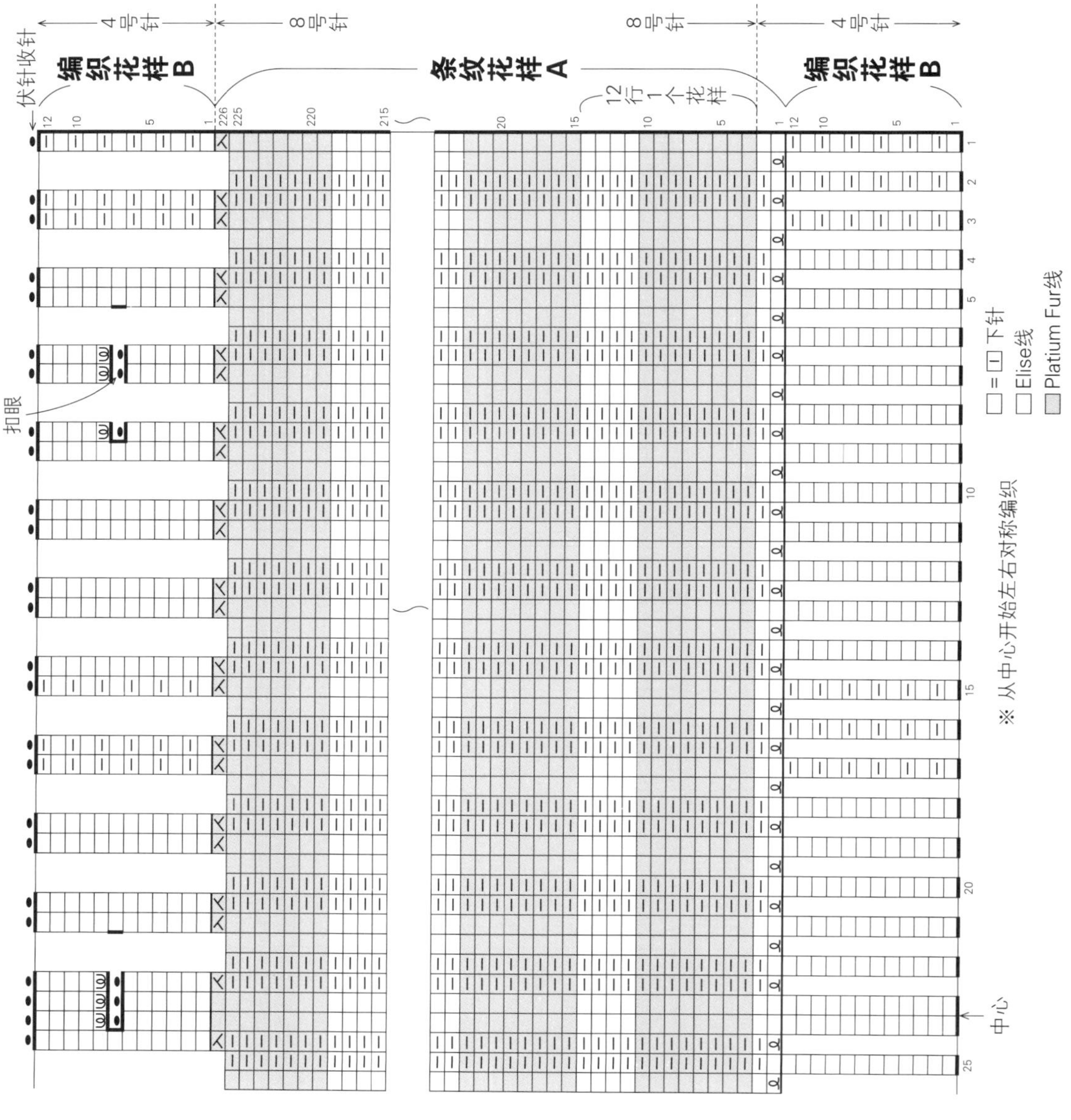

＊32

第 38 页

●**材料**　SKI World Selection Blanco(超粗)淡灰色系(1201)200g/4团

●**工具**　棒针 8mm

●**成品尺寸**　宽50cm，周长90cm

●**编织密度**　10cm×10cm面积内：编织花样 A、B均为 9针，9行

●**编织要点**　另线锁针起针后，做编织花样 A、B。编织花样 A是在拆开上一行的绕线编后，编织穿过右针的交叉、穿过左针的交叉。同时交叉的针目编织绕 2圈绕线编。最后一行编织下针、穿过右针的交叉。编织花样 B重复编织 "3行绕 2圈的绕线编、1行绕 3圈的绕线编。拆开另线锁针后挑针，织片扭转 1次与最后一行的针目做下针无缝缝合。这款披肩是不分正、反面的。

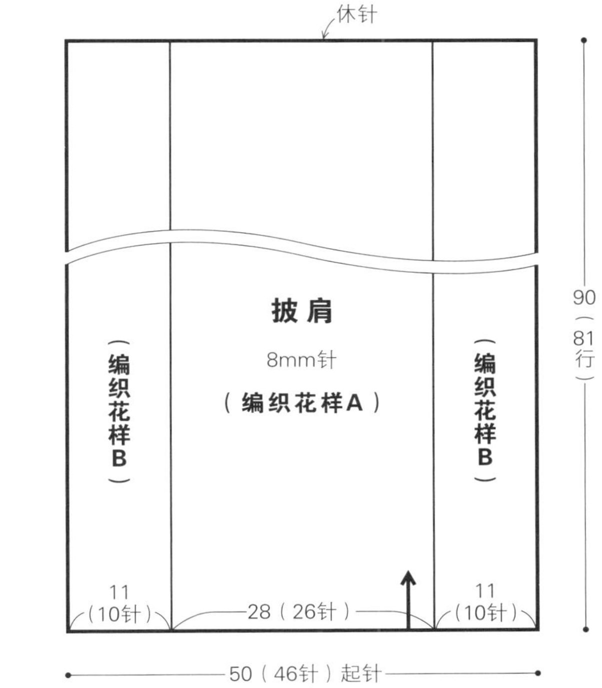

[穿过右针的交叉符号]、[穿过左针的交叉符号]　穿过右针的交叉在第 109 页

编织花样

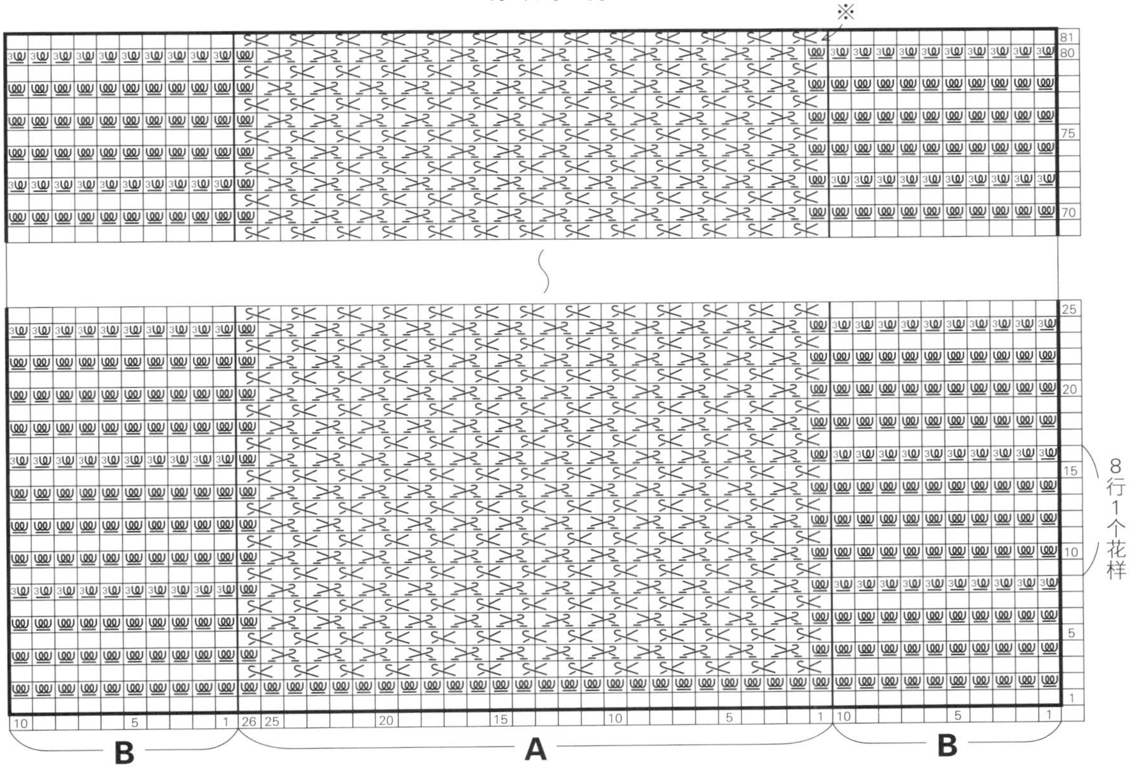

□ = [|] 下针

[绕2圈符号]、[绕3圈符号] = [2]、[3]　绕2圈、绕3圈的绕线编（反面是下针的绕线编）

[交叉符号]、[交叉符号] = [2 2]、[2 2]　穿过右针的交叉、穿过左针的交叉的2圈绕线编

每行右上侧是穿过右针的交叉（正面的话，右上和左上是交叉出现的）

※ [交叉符号] = 只有第81行不使用绕线编，是按照穿过右针的交叉编织

*33
第 39 页

●**材料** SKI World Selection Blanco（超粗）绿色（1303）50g/1团
●**工具** 棒针 8mm
●**成品尺寸** 宽 20cm，长 122.5cm
●**编织密度** 10cm×10cm面积内：编织花样 8针，5.8行

●**编织要点** 手指挂线起针，做编织花样。绕线编从反面开始，所以像编织上针一样入针，然后做绕3圈的绕线编，在下一行拆开针目后交叉针编织。预留出最后做伏针收针需要的线后，把1团线编织完。

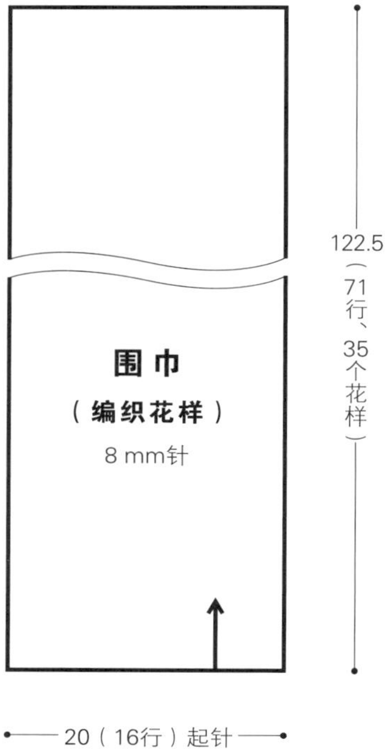

编织花样

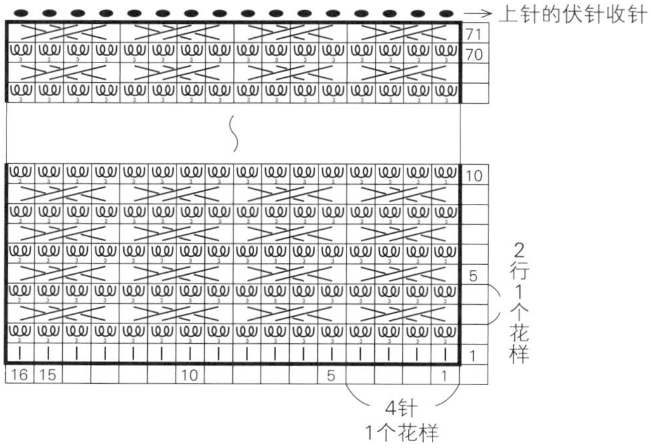

 = 像编织上针一样入针，然后做绕3圈的绕线编

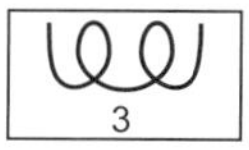

☆上针的3圈绕线编，步骤①就像编织上针一样入针，然后绕线3次，拉出。步骤②编织下针。

下针的绕线编（绕3圈）

①
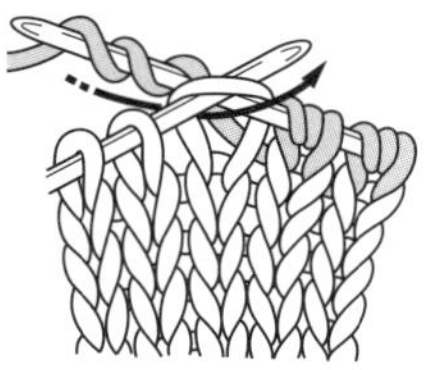
将右棒针插入针目中，绕3圈后拉出。

②
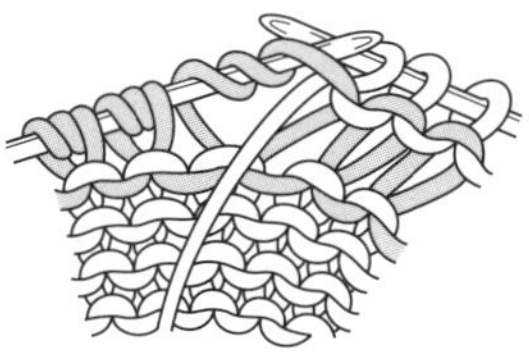
下一行，从后面将右棒针插入绕了线的针目中，在拉出的同时编织上针。

③
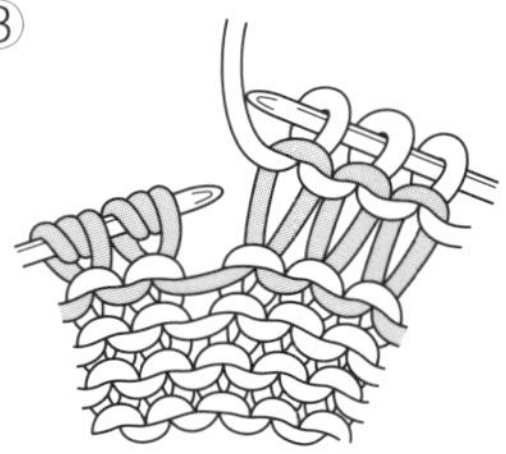
绕线编（绕3圈）完成。

 **穿过右针的交叉**

作品32是在步骤③和④做
绕2圈的绕线编

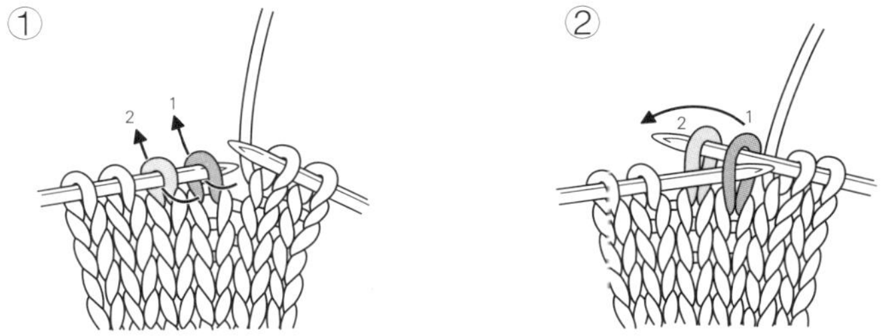

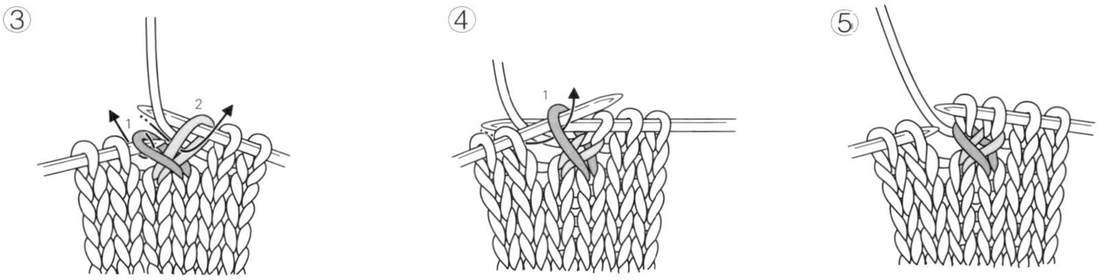

 ←×
→△

滑针

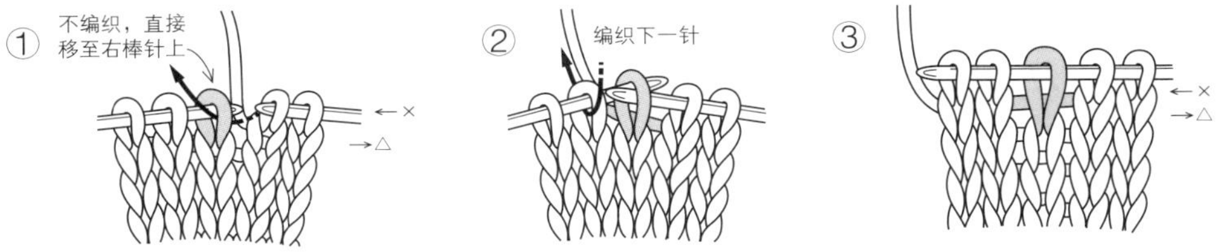

 **左加针**

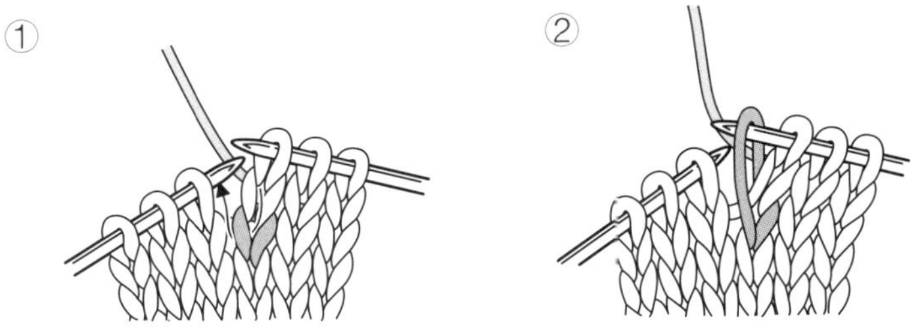

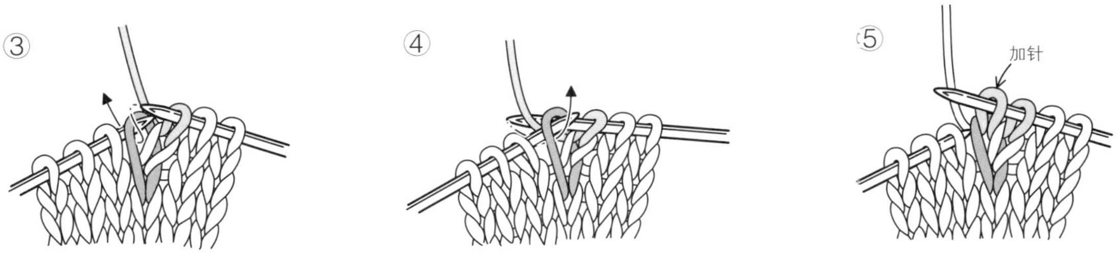

1针长针交叉

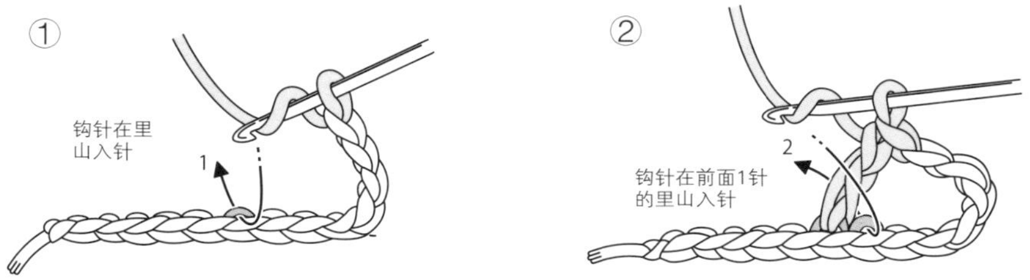

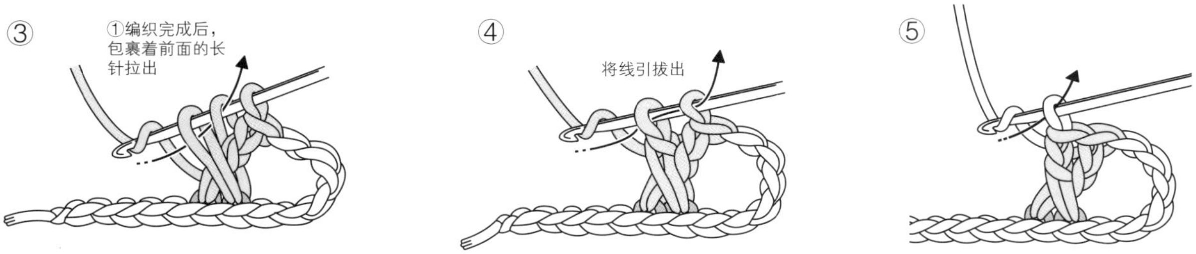

变化的1针长针交叉（左上）

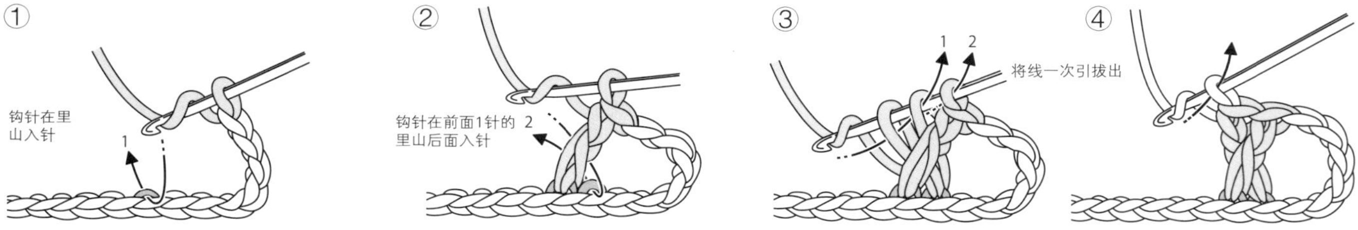

3针锁针的狗牙拉针

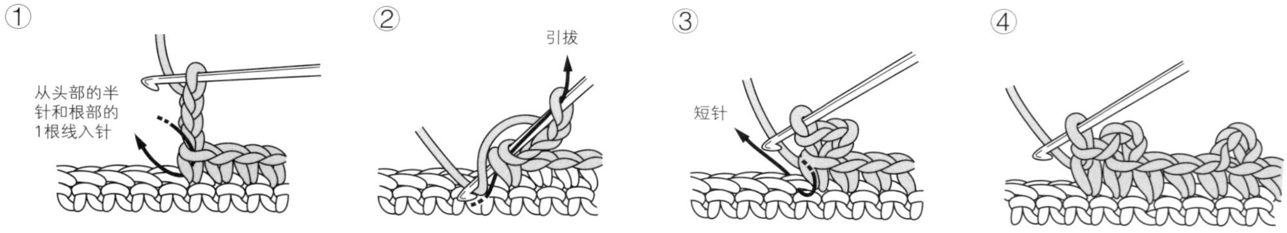

反短针

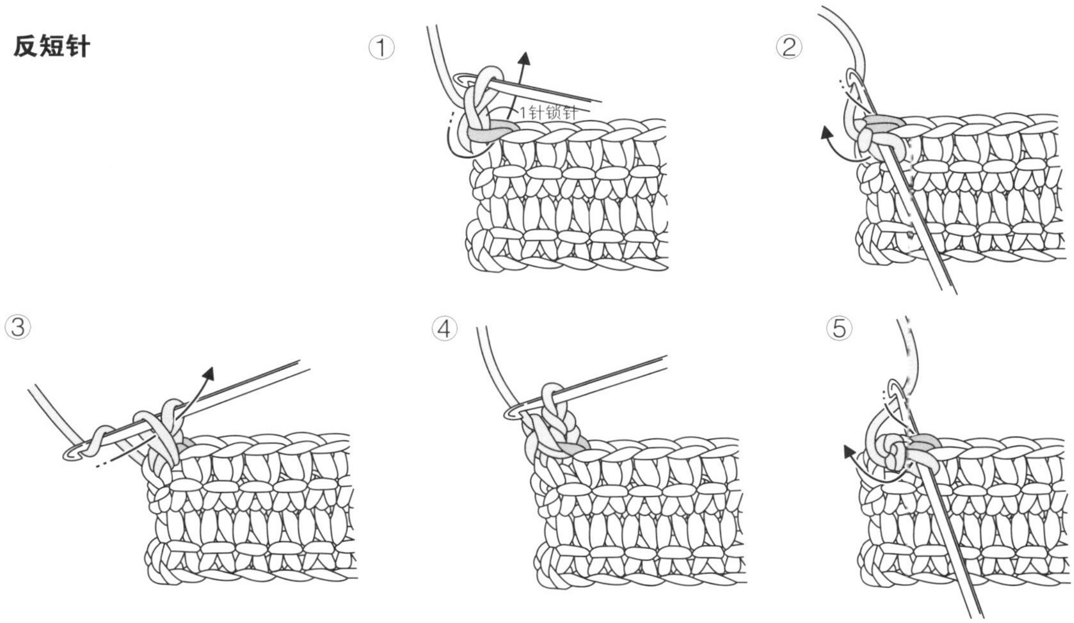

3针长针的枣形针

长针的正拉针

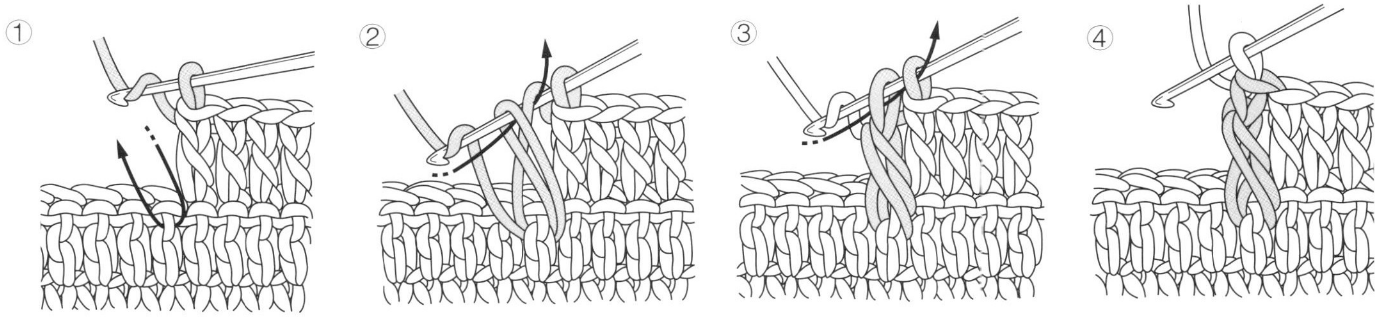

Photographers: AKIKO OHSHIMA
Original Japanese edition published in Japan by NIHON VOGUE Corp.,
Simplified Chinese translation rights arranged with BEIJING BAOKU INTERNATIONAL
CULTURAL DEVELOPMENT Co., Ltd.

备案号：豫著许可备字–2016–A–0405

图书在版编目（CIP）数据

唯美手编. 10, 优雅的毛衫和配饰编织 / 日本宝库社编著；甄东梅译. —郑州：河南科学技术出版社，2021.10
ISBN 978-7-5725-0530-0

Ⅰ. ①唯… Ⅱ. ①日… ②甄… Ⅲ. ①绒线–编织–图解 Ⅳ. ①TS935.5–64

中国版本图书馆CIP数据核字（2021）第139738号

出版发行：河南科学技术出版社
地址：郑州市郑东新区祥盛街27号　　邮编：450016
电话：（0371）65737028　　65788613
网址：www.hnstp.cn
策划编辑：刘　欣
责任编辑：刘　瑞
责任校对：王晓红
封面设计：张　伟
责任印制：张艳芳
印　　刷：郑州新海岸电脑彩色制印有限公司
经　　销：全国新华书店
开　　本：889 mm×1 194 mm　1/16　印张：7　字数：170千字
版　　次：2021年10月第1版　2021年10月第1次印刷
定　　价：49.00元

如发现印、装质量问题，影响阅读，请与出版社联系并调换。